BEI GRIN MACHT SICH IHR WISSEN BEZAHLT

- Wir veröffentlichen Ihre Hausarbeit, Bachelor- und Masterarbeit

- Ihr eigenes eBook und Buch - weltweit in allen wichtigen Shops

- Verdienen Sie an jedem Verkauf

Jetzt bei www.GRIN.com hochladen und kostenlos publizieren

Bibliografische Information der Deutschen Nationalbibliothek:

Die Deutsche Bibliothek verzeichnet diese Publikation in der Deutschen National-
bibliografie; detaillierte bibliografische Daten sind im Internet über http://dnb.d-
nb.de/ abrufbar.

Impressum:

Copyright © 2010 GRIN Verlag, Open Publishing GmbH
Druck und Bindung: Books on Demand GmbH, Norderstedt Germany
ISBN: 9783640623723

Dieses Buch bei GRIN:

http://www.grin.com/de/e-book/150768/der-mosbacher-loewe

Ernst Probst

Der Mosbacher Löwe

Die riesige Raubkatze aus Wiesbaden

GRIN Verlag

Ernst Probst

DER MOSBACHER LÖWE

Die riesige Raubkatze
aus Wiesbaden

Dem Wiesbadener Paläontologen
Dr. Thomas Keller gewidmet,
der sich um die Erforschung
der Mosbach-Sande von Wiesbaden
verdient gemacht hat

Inhalt

Dank

Für Auskünfte, kritische Durchsicht von Texten (Anmerkung: etwaige Fehler gehen zu Lasten des Verfassers), mancherlei Anregung, Diskussion und andere Arten der Hilfe danke ich:

Dr. Alain Argant, Institut Dolomieu, Grenoble

Wolfgang Arndt, Zeithain

Thomas Engel,
geologischer Präparator, Naturhistorisches Museum Mainz /
Landessammlung für Naturkunde Rheinland-Pfalz

Fritz Geller-Grimm, Kurator, Museum Wiesbaden

Ulrich J. Heidtke, Niederkiirchen (Pfalz)

Siegbert Heinecke, Böhl-Igggelheim

Prof. Dr. Helmut Hemmer, Mainz

Lothar Henke, Pirna

Dr. rer. nat. habil. Ralf-Dietrich Kahlke,
Leiter der Forschungsstation für Quartärpaläontologie der
Senckenbergischen Naturforschenden Gesellschaft, Weimar

Emanuel Keller, Grüt (Gossau)

Dr. Thomas Keller,
Landesamt für Denkmalpflege Hessen,
Archäologische und Paläontologische Denkmalpflege,
Wiesbaden

Professor Dr. Hans-Jürg Kuhn, Göttingen

Prof. Dr. Dietrich Mania, Jena

Dr. Lutz Maus,
Forschungsstation für Quartärpaläontologie der
Senckenbergischen Naturforschenden Gesellschaft, Weimar

Dick Mol, Mammut-Experte,
Hoofddorp bei Amsterdam, Niederlande

Joachim S. Müller, Darmstadt

Péter Papp, Geologe,
Magyar Állami Földtani Intézet /
Geological Institute of Hungary, Budapest

Hristo Peshev, Blagoevgrad, Bulgarien

Dominique Pipet, Vitrolles, Frankreich

Kevin Pluck, London

o. Univ.Prof. Mag. Dr. Gernot Rabeder,
Institut für Paläontologie,Universität Wien

Georg Sack,
Leiter des Heimatmuseums Biebrich, Wiesbaden

Art Salmons, Russelville, Arkansas

Dieter Schreiber,
Dipl.-Geologe,
Staatliches Museum für Naturkunde Karlsruhe

Marion Schütz,
Geschäftsstellenleiterin,
Homo heidelbergensis von Mauer e.V., Mauer bei Heidelberg

Shuhei Tamura, Kanagawa, Japan

Thüringer Zoopark Erfurt

Dr. Michael Weidenfeller,
Geologiedirektor,
Landesamt für Geologie und Bergbau Rheinland-Pfalz,
Mainz

Frank Wouters, Antwerpen, Belgien

Jochen Zapfe, Berlin

Der Mosbacher Löwe
aus Wiesbaden

Der riesige Mosbacher Löwe (*Panthera leo fossilis*), der nach etwa 600.000 Jahre alten Funden aus dem ehemaligen Dorf Mosbach bei Wiesbaden in Hessen benannt ist, steht im Mittelpunkt des Taschenbuches des Wiesbadener Wissenschaftsautors Ernst Probst. Dieser Mosbacher Löwe gilt mit einer Gesamtlänge von bis zu 3,60 Metern als der größte Löwe aller Zeiten in Deutschland und Europa. Seine Kopfrumpflänge betrug etwa 2,40 Meter, sein Schwanz maß weitere 1,20 Meter. Von dieser imposanten Raubkatze stammt der Europäische Höhlenlöwe (*Panthera leo spelaea*) ab, der im Eiszeitalter (Pleistozän) vor etwa 300.000 bis 10.000 Jahren in Europa lebte. Noch größer als der Mosbacher Löwe und der Europäische Höhlenlöwe war der Amerikanische Höhlenlöwe (*Panthera leo atrox*) aus dem Eiszeitalter vor etwa 100.000 bis 10.000 Jahren. Geschildert wird auch der Ablauf des von starken Klimaschwankungen geprägten Eiszeitalters in Deutschland. Das kleine Taschenbuch „Der Mosbacher Löwe" ist ein Auszug aus dem großen Taschenbuch „Höhlenlöwen. Raubkatzen im Eiszeitalter" von Ernst Probst.

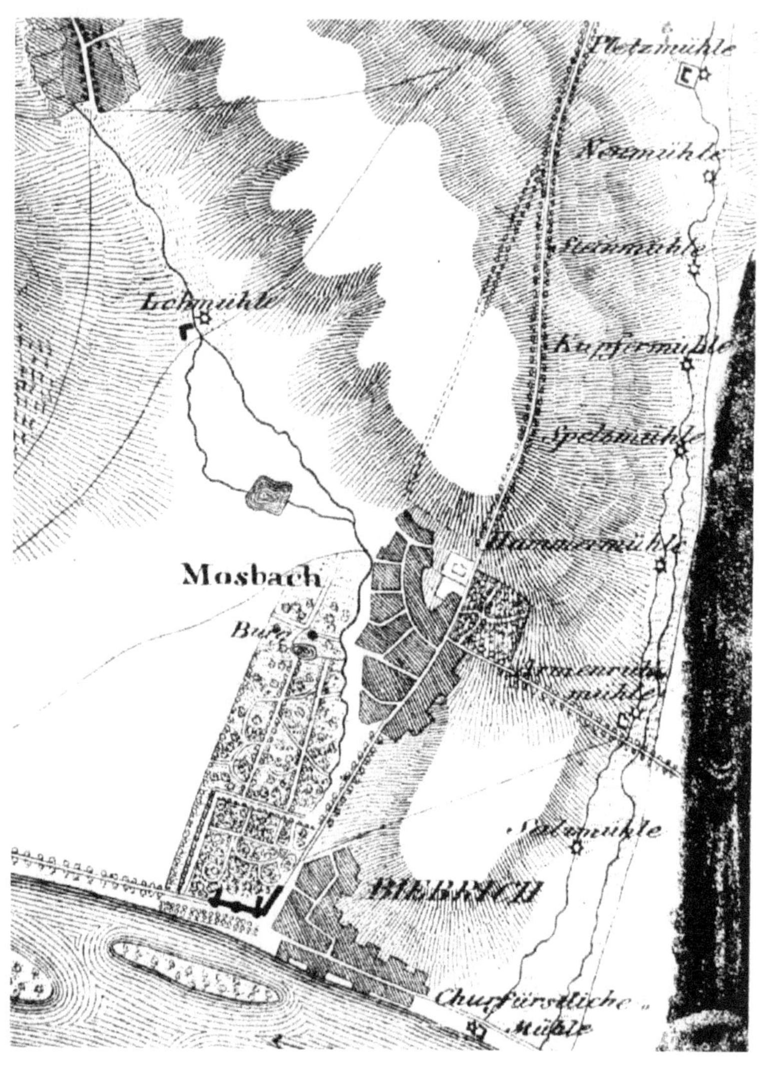

Dörfer Mosbach und Biebrich auf einem Plan von 1819. Die Bilder auf den Seiten 10, 12 und 14 (unten) stammen vom Verschönerungs- und Verkehrsverein Biebrich am Rhein e. V. / Heimatmuseum Biebrich.

Der Mosbacher Löwe
Panthera leo fossilis

Als der geologische älteste europäische Löwe gilt der Mosbacher Löwe der Unterart *Panthera leo fossilis*. Die meisten Fossilien dieser Großkatze kennt man aus den Mosbach-Sanden im Stadtkreis von Wiesbaden in Hessen. In älterer Literatur ist noch der Begriff Mosbacher Sande zu lesen, der nach Empfehlungen der Stratigraphischen Kommission von 1977 durch den Ausdruck Mosbach-Sande ersetzt wird.

Bei den Mosbach-Sanden handelt es sich um Flussablagerungen des eiszeitlichen Mains, der damals weiter nördlich als heute in den Rhein mündete, des Rheins und von Taunusbächen. Der Name Mosbach-Sande erinnert an das einst zwischen Wiesbaden und Biebrich liegende Dorf Mosbach, wo man schon 1845 in etwa zehn Meter Tiefe erste eiszeitliche Großsäugerreste entdeckte.

1882 schlossen sich die Dörfer Mosbach und Biebrich zur Stadt Biebrich-Mosbach zusammen. In der Folgezeit gewann Biebrich durch Schloss, Rheinverkehr, Industrie und Kaserne eine solche Dominanz, dass man 1892 den Begriff Mosbach aus dem Stadtnamen strich. Am 1. Okober 1926 wurde Biebrich in Wiesbaden eingemeindet.

In Mosbach befanden sich von der Mitte des 19. Jahrhunderts bis etwa um 1910 zu beiden Seiten der Biebricher Allee – ungefähr beim heutigen Landesdenkmal – zahlreiche Gruben, in denen man Sande und Kiese abgebaut hat. Der dort vorhandene feine Sand diente nicht nur für Bauvorhaben, sondern wurde auch gerne von Hausfrauen zum Scheuern von Holzfußböden verwendet.

Später wurden die Abbauflächen erweitert und nach Südosten

Das Dorf Mosbach bei Wiesbaden auf einem Bild von 1815

Wasserturm und Sandgrube auf der Adolfshöhe in Biebrich um 1900. Der Wasserturm diente bis zum Ersten Weltkrieg auch als Aussichtsturm. In der Sandgrube davor wurde 1906/1907 der Bahnhof Landesdenkmal gebaut. Er lag an der neuen Strecke vom Wiesbadener Hauptbahnhof nach Limburg.

verlagert. Dort hat die Firma Dyckerhoff die stellenweise fossilreichen Schichten der Mosbach-Sande bis Ende 2005 großflächig abgebaut. Dies geschah, um an die darunter liegenden etliche Millionen Jahre alten tertiärzeitlichen Kalksteine zu gelangen, die man zur Zementherstellung benötigte. Heute werden nur noch die Mosbach-Sande als Rohstoff benötigt.

Beim Abbau der Mosbach-Sande kommen immer wieder Überreste von Wirbeltieren zum Vorschein, die wohl zum größten Teil aus dem nach einem englischen Fundort bezeichneten Cromer-Komplex (etwa 800.000 bis 480.000 Jahre) stammen. Die charakteristische Cromer-Forest-Bed-Abfolge in Norfolk (England) wurde 1882 von dem englischen Geologen Clement Reid (1855–1916) beschrieben. Als so genannte Typuslokalität gilt West Runton bei Cromer mit einem Alter von höchstens 700.000 Jahren. Das Klima im Cromer war nicht einheitlich. Einerseits gab es sehr milde, andererseits aber auch kühle Abschnitte. In Mitteleuropa wird das Cromer in vier Warmzeiten und vier Kaltzeiten gegliedert.

Nur die früheste Cromer-Warmzeit I (auch Cromer-Interglazial I genannt) wird dem Altpleistozän (etwa 1,9 Millionen bis 780.000 Jahre) zuordnet. In diese Zeit fällt die fossilarme Mosbach 1-Fauna vor etwa einer Million Jahren, die ähnlich alt wie die Fossilien aus dem Leichenfeld bei Untermaßfeld nahe Meiningen in Thüringen ist.

Den größten Teil des Cromer-Komplexes rechnet man dem Mittelpleistozän (etwa 780.000 bis 127.000 Jahre) zu. Dazu zählen die Cromer-Warmzeiten II, III, IV und die dazwischen liegenden Kaltzeiten.

Die fossilreiche mittelpleistozäne Mosbach 2-Fauna und die gleichaltrigen Sande von Mauer bei Heidelberg gehören entweder in die ältere Cromer-Warmzeit III (auch älteres Cromer-Interglazial III genannt) oder in die jüngere Cromer-Warmzeit IV (Cromer-Interglazial IV).

In der Literatur heißt es oft, in der schätzungweise etwa 600.000 Jahre alten Hauptfundschicht (Graues Mosbach) lägen die Re-

*Paläontologe Thomas Keller neben einem in Fundlage bereits
eingegipsten Fossil in den Mosbach-Sanden von Wiesbaden*

*Blick von der Elisabethenhöhe zur evangelischen Hauptkirche
in Mosbach um 1882, links unten liegt eine Lehmgrube*

ste zweier Lebensgemeinschaften vor, die einer ausgehenden Warmzeit und einer heraufziehenden Kaltzeit innerhalb des Cromer entsprächen. Während der Warmzeit sollen beispielsweise Waldelefant und Flusspferd gelebt haben, in der Kaltzeit dagegen der riesige Steppenelefant, der Steppenbison, der Vielfaß und das Rentier.

Nach Forschungen des Wiesbadener Paläontologen Thomas Keller, die er seit 1991 in den Mosbach-Sanden unternimmt, gibt es aber keine Hauptfundschicht. Denn fast alle Schichten enthalten nach seinen Beobachtungen Fossilien. Außerdem vermutet er eher einen Wechsel von einer ausgehenden Kaltzeit zu einer beginnenden Warmzeit.

In den wärmeren Abschnitten des Cromer behaupteten sich Eichenmischwälder mit Eiben und Erlen. Merklich spärlicher gab es Hasel und Hainbuche. Während der kühlen Phasen dehnten sich Nadelmischwälder aus, in denen Kiefern überwogen. Birken wuchsen zu Beginn und gegen Ende des Cromer häufig.

In Deutschland lebten im Cromer bei zeitweise warmem, mitunter aber auch kühlem Klima zwar keine Mastodonten (Rüsseltiere mit drei Backenzähnen in jeder Kieferhälfte) und Tapire mehr, jedoch weiterhin wärmeorientierte Elefanten, Nashörner und das Flusspferd *Hippopotamus antiquus*. Neu waren in Deutschland die Steppenhirsche (*Praemegaceros verticornis*), deren breitschaufeliges Geweih dem von Damhirschen ähnelt, sowie der Mosbacher Bär *Ursus deningeri* als Vorfahre des jungpleistozänen Höhlenbären *Ursus spelaeus*.

Zu den bekanntesten Fundorten mit fossilen Faunen aus dem Cromer in Deutschland zählen die erwähnten Mosbach-Sande im Stadtkreis von Wiesbaden, die aber auch ältere und jüngere Ablagerungen aus dem Eiszeitalter enthalten, die Mauerer Sande von Mauer bei Heidelberg und das Mittelmain-Cromer mit den Fundstellen Marktheidenfeld, Karlstadt, Erlabrunn, Würzburg-Schalksberg, Randersacker, Volkach und Goßmannsdorf, Voigtstedt im Harzvorland und Weimar-Süßenborn. Umstrit-

Aufschluss und Abbau der Mosbach-Sande 2008

ten ist die Zuordnung der Faunenreste aus den Tonen von Jockgrimm in der Pfalz ins Cromer.

Das Naturhistorische Museum Mainz besitzt mit mehr als 25.000 Funden aus den Mosbach-Sanden die größte Sammlung von Tieren aus dem Eiszeitalter des Rhein-Main-Gebietes. Im Museum Wiesbaden wird ebenfalls eine umfangreiche Sammlung von Fossilien aus diesem Fundgebiet aufbewahrt. Die bisher wissenschaftlich bearbeiteten Vogelreste aus den Mosbach-Sanden weisen auf ein Wasser-Sumpf-Gebiet hin, in dem außer Schwänen und Enten auch Geier (*Gyps melitensis*) lebten.

Der frühere Direktor des Naturhistorischen Museums Mainz, Herbert Brüning (1911–1983), hat Tausende der in den Mosbach-Sanden geborgenen Fossilien aufgelistet, die in den paläontologischen Sammlungen des Mainzer Museums aufbewahrt sind. „Insgesamt wurden bisher mehr als 65 Säugetierarten aus den Mosbach-Sanden bestimmt", heißt es in dem Buch „Deutschland in der Urzeit" (1986) von Ernst Probst.

Zum Fundgut aus den Mosbach-Sanden gehören unter anderem Reste vom herdenweise vorkommenden Mosbach-Pferd (*Equus mosbachensis*), Steppen- bzw. Alt-Riesenhirsch (*Praemegaceros verticornis*), Alt-Damhirsch (*Praedama* sp.), Breitstirnelch (*Alces latifrons*), Wisent (*Bison schoetensacki*) und Mosbacher Bären (*Ursus deningeri*). Als eine der größten Raritäten aus den Mosbach-Sanden gilt der Fund einer Unterkieferleiste eines Makaken (*Macaca*), die im Frankfurter Senckenberg-Museum aufbewahrt wird. Dieser Fund belegt, dass vor ungefähr 600.000 Jahren im Rhein-Main-Gebiet noch Affen lebten.

Im Fundgut der Archäologischen Denkmalpflege Hessen aus den Mosbach-Sanden sind Mosbacher Bären (*Ursus deningeri*) – nach den Beobachtungen von Thomas Keller – die am häufigsten vertretenen Raubtiere. Der Artname dieses 1904 nach einem Fund aus Mosbach beschriebenen Bären erinnert an den in Mainz geborenen Geologen Karl Julius Deninger (1878–1917).

Wilhelm von Reichenau (1847–1925) beschrieb 1906 den Mos-bacher Löwen (Panthera leo fossilis). Ihm hatten Funde aus Museen in Mainz (linker Unterkieferast und eine Elle aus Mos-bach), Wiesbaden (eine Elle aus Mosbach), Darmstadt (linker Unterkieferast aus Mosbach) und Frankfurt am Main (rechter Unterkieferast aus Mosbach) sowie aus der Universität Hei-delberg (linker Unterkieferast und ein rechter Oberkiefer-Reiß-zahn aus Mauer bei Heidelberg) vorgelegen. Diese Funde ver-glich er mit Resten von Höhlenlöwen aus Steeden an der Lahn sowie von heutigen Löwen und Tigern.

Unter den im Naturhistorischen Museum Mainz aufbewahrten Fossilien aus den Mosbach-Sanden überwiegen bei den Raubtieren dagegen die Wölfe. Man kennt etliche Formen: den kleinen Mosbacher Wolf (*Canis lupus mosbachensis*), die dort seltene Großform *Xenocyon lycaenoides*, die Art *Cuon priscus*, die ein Vorfahre des heutigen Alpenwolfes sein dürfte, sowie eine kleine primitivere Vorform (*Cuon* cf. *priscus*). Zu den größeren Raubtieren zählen außerdem die Streifenhyäne (*Hyaena perrieri*), die Tüpfelhyäne (*Crocuta crocuta praespelaea*), der Luchs (*Lynx issiodorensis*), der Mosbacher Löwe (*Panthera leo fossilis*), der Europäische Jaguar (*Panthera onca gombaszoegensis*), der Gepard (*Acinonyx pardinensis*) und die Säbelzahnkatze (*Homotherium crenatidens*).

Vom Mosbacher Löwen liegen Schädelreste, Unterkiefer oder Teile davon sowie einige Skelettknochen und wenige isolierte Zähne vor. Ganze Skelette oder komplette Schädel dieser Großkatze hat man bisher in den eiszeitlichen Ablagerungen von Rhein und Main noch nicht entdeckt.

Die erste Beschreibung des Mosbacher Löwen (*Panthera leo fossilis*) aus dem Jahre 1906 stammt von Wilhelm von Reichenau (1847–1925). Er hatte Funde aus Mosbach bei Wiesbaden und Mauer bei Heidelberg untersucht und sie einer fossilen Unterart des Löwen namens „*Felis leo fossilis*" zugeordnet. Die heutige gültige Bezeichnung für diese Unterart lautet *Panthera leo fossilis*.

Wilhelm von Reichenau war Offizier, gab diesen Beruf aber wegen einer Kriegsverletzung auf. 1879 wurde er Präparator der Rheinischen Naturforschenden Gesellschaft in Mainz, 1888 Konservator an deren naturkundlichem Museum, 1907 Ehrendoktor der Philosophie der Universität Gießen. Von 1910 bis 1915 fungierte er als Direktor des neuen Naturhistorischen Museum Mainz und ab 1910 als Professor. Er hat sich um die Erforschung der Mosbach-Sande verdient gemacht.

Der Mosbacher Löwe (*Panthera leo fossilis*) wurde oft von Wissenschaftlern untersucht und teilweise auch unter anderen

*Lebensbilder des riesigen
Mosbacher Löwen
(Panthera leo fossilis)
von Fritz Wendler
(1941–1995)
aus Obergotzing bei Weyarn
in Bayern (oben)
und von Shuhei Tamura
aus Kanagawa in Japan
(unten)*

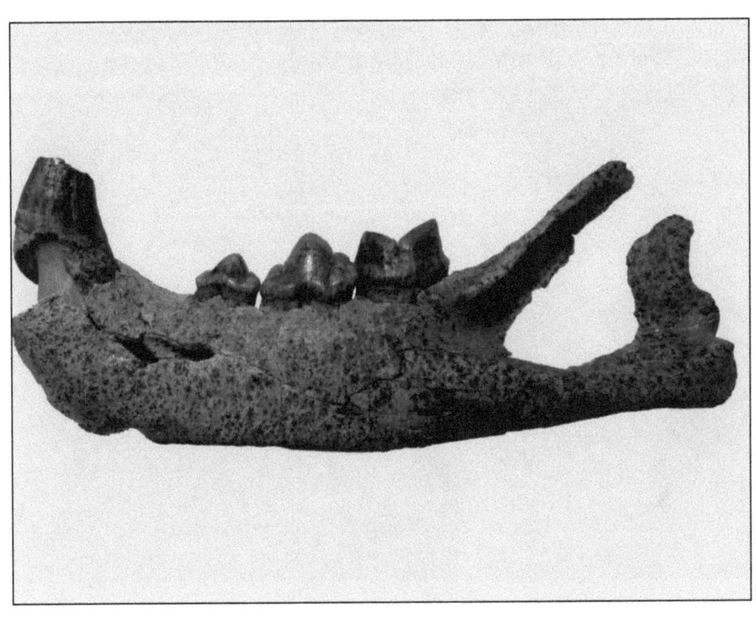

Rund 600.0000 Jahre alte Funde vom Mosbacher Löwen aus den Mosbach-Sanden im Naturhistorischen Museum Mainz / Landessammlung für Naturkunde Rheinland-Pfalz: 20 Zentimeter langer Unterkiefer (oben) und 11,5 Zentimeter langer Eckzahn (unten)

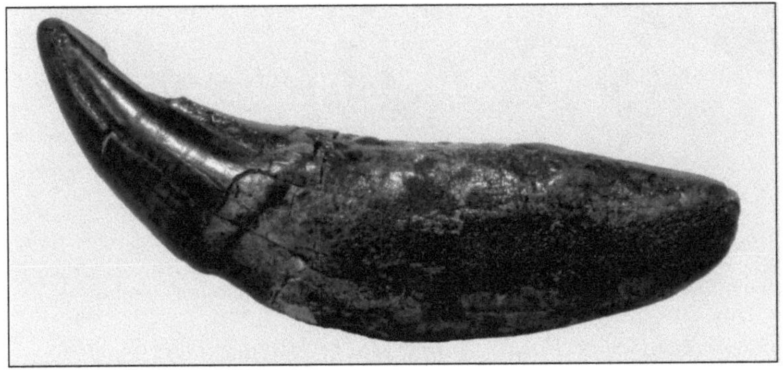

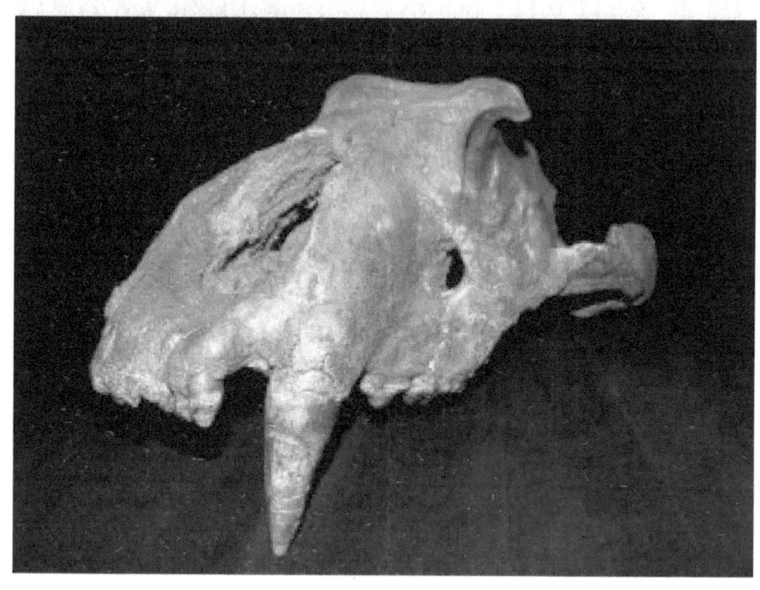

Etwa 43 Zentimeter langer Oberschädel eines Mosbacher Löwen aus den Mauerer Sanden von Mauer bei Heidelberg, Original im Urgeschichtlichen Museum der Gemeinde Mauer.

Südafrikanischer Paläontologe Robert Broom (1866–1951)

Namen beschrieben. Einer dieser Experten – nämlich der Berliner Paläontologe Wilhelm Otto Dietrich (1881–1964) – nannte ihn 1968 *Panthera leo mosbachensis*, was sich aber nicht durchsetzte. Auch den Namen „Alt-Panther" für den Mosbacher Löwen liest man nicht oft.

Ein fast kompletter, etwa 43 Zentimeter langer Oberschädel eines Mosbacher Löwen wurde um 1885 in den Mauerer Sanden von Mauer bei Heidelberg entdeckt. Diesen Löwen-Oberschädel hat 1912 der Paläontologe Adolf Wurm (1886–1968) beschrieben. Bei dem Fundort handelte es sich um die Sandgrube Grafenrain, wo am 21. Oktober 1907 der Unterkiefer des Heidelberg-Menschen (*Homo erectus heidelbergensis* bzw. *Homo heidelbergensis*) zum Vorschein kam. Dieser Frühmensch gilt mit einem geologischen Alter von etwa 630.000 Jahren als der älteste bekannte Mitteleuropäer. Der Unterkiefer des Heidelberg-Menschen wird im Geologisch-Paläontologischen Institut der Universität Heidelberg aufbewahrt. Dort lag früher auch der Löwen-Oberschädel aus Mauer, bevor er 1982 anlässlich der 75. Wiederkehr der Entdeckung des Heidelberg-Menschen dem Urgeschichtlichen Museum der Gemeinde Mauer als Dauerleihgabe überlassen wurde.

Dass eine diesen ersten europäischen Löwen sehr nahe stehende Form schon viel früher existierte, zeigt die frappierende Formähnlichkeit eines Löwenunterkiefers aus den Mosbach-Sanden in Deutschland mit dem rund 1,75 Millionen Jahre alten Unterkiefer eines Löwen aus der Olduvai-Schlucht in Tansania (Afrika). Dieser frühe Löwe aus dem „Schwarzen Erdteil" wird zur Unterart *Panthera leo shawi* gerechnet, die 1948 der südafrikanische Arzt und Paläontologe Robert Broom (1866–1951) beschrieben hat.

Noch mehr als die Mosbacher Teilfunde lässt der Löwenschädel aus Mauer bei Heidelberg erkennen, dass diese Tiere eine ursprünglichere Stufe der Hirnentwicklung als die meisten heutigen Löwen aufwiesen. Das Hirn des Mosbacher Löwen dürfte etwa dem des in freier Wildbahn und in unvermischter Form auch in Gefangenschaft ausgestorbenen Berberlöwen oder Atlaslöwen (*Panthera leo leo*) und dem des Indischen Löwen (*Panthera leo goojratensis*) oder Asiatischen Löwen (*Panthera leo persica*) entsprechen. Letztere beiden Löwen besitzen weniger Hirnmasse als Afrikanische Löwen (*Panthera leo*). Es scheint, als ob Löwen mit der geringeren Hirnentwicklung auch in ihrem Sozialverhalten noch weniger entwickelt waren als gegenwärtige Afrikanischen Löwen. Sie werden deshalb paarweise oder als Einzelgänger gelebt und gejagt haben. Sicherlich mussten sich die Großkatzen von Mosbach und Mauer wie die noch vor einigen Jahrzehnten im Atlasgebirge heimischen Berberlöwen auch bei Schnee, Frost und Eis behaupten.

Die Löwen aus den Mosbach-Sanden erreichten nach Berechnungen von Wissenschaftlern anhand von Skelettresten eine Kopfrumpflänge bis zu 2,40 Metern. Dazu muss noch ein mindestens 1,20 Meter langer Schwanz gerechnet werden. Die Großkatzen von Mosbach waren demnach bis zu 3,60 Meter lang. Das ist etwa ein halber Meter mehr als bei durchschnittlichen heutigen Löwen. Sie entsprachen damit dem Sibirischen Tiger *(Panthera tigris altaica)*, der größten Katze, die gegenwärtig auf Erden lebt, oder einem „Liger", der Kreuzung eines männlichen Löwen mit einem weiblichen Tiger.

Noch größer als die Mosbacher Löwen waren die Amerikanischen Höhlenlöwen *(Panthera leo atrox)*, die im Eiszeitalter vor etwa 100.000 bis 10.000 Jahren in Nord- und Südamerika lebten. Diese erreichten eine Kopfrumpflänge bis zu etwa 2,50 Metern und mit Schwanz eine Gesamtlänge von bis zu 3,70 Metern.

Die Urheimat der Löwen lag offenbar in Afrika. Dort sind die geologisch ältesten Löwen in den berühmten Fossilfundstellen um den Turkanasee – früher Rudolfsee genannt – in Kenia und in der Olduvai-Schlucht in Tansania entdeckt worden. Diese Löwenfunde auf dem „Schwarzen Erdteil" sind bis zu zwei Millionen Jahre alt.

Nicht durchsetzen konnte sich die Vermutung einiger Wissenschaftler, dass rund 3,5 Millionen Jahre alte Fossilien aus Laetoli in Tansania (einem berühmten Vormenschen-Fundort) vom frühesten Löwen stammen. Dabei handelt es sich um Kieferbruchstücke und wenige Skelettreste.

In Europa tauchte der Löwe vor etwa 700.000 Jahren auf. So alt ist ein Fund des Mosbacher Löwen vom süditalienischen Fundort Isernia bei Molise. Aus Deutschland sind Mosbacher Löwen aus der Zeit vor etwa 600.000 Jahren vor allem in Mosbach im Stadtkreis von Wiesbaden (Hessen) und Mauer bei Heidelberg (Baden-Württemberg) nachgewiesen. Weitere Mosbacher Löwen kennt man aus Atapuerca/Gran Dolina (Spanien) sowie Tautavel/Arago-Höhle und Château (Frankreich). Besonders viele Raubkatzen-Funde kamen in Château (Burgund) zum Vorschein. Dort hatte man 1863 bei Straßenbauarbeiten viele Knochen von Bären und Löwen entdeckt. 1968 wurde diese alte Fundstelle wieder aufgespürt. Zwischen 1997 und 2002 nahm der Paläontologe Alain Argant Grabungen vor. Zum Fundgut von Château gehören Fossilien vom Mosbacher Bären (*Ursus deningeri*), Etruskischen Wolf (*Canis etruscus*), Mosbacher Wolf (*Canis lupus mosbachensis*), ein komplettes Skelett mit Schädel vom Europäischen Jaguar (*Panthera onca gombaszoegensis*) sowie drei Schädel, sechs Kieferfragmente und ein Fuß vom Mosbacher Löwen (*Panthera leo fossilis*).

Die Löwen der Art *Panthera youngi* von Choukoutien bei Peking, dem berühmten Fundort des Peking-Menschen (*Homo erectus pekinensis*) in China vor etwa 350.000 Jahren, sind offenbar Vorfahren der Höhlenlöwen in Europa, Asien und Nordamerika. Löwen aus Vence und Cajare in Frankreich dokumentieren den Übergang zwischen dem Mosbacher Löwen und dem Höhlenlöwen.

Als eine Vereisungsphase den Meeresspiegel weltweit absinken ließ, wanderten Höhlenlöwen über die Landbrücke Beringia und die Beringbrücke auch nach Nordamerika. Beide Landbrücken werden heute von der Beringsee bedeckt, die nach dem dänischen Entdecker Vitus Janessen Bering (1741–1680) be-

Lager von Frühmenschen im Eiszeitalter vor etwa 370.000 Jahren bei Bilzingsleben (Kreis Artern) in Thüringen. Zu ihren Beutetieren gehörte auch der Löwe.

nannt ist. An der engsten Stelle ist die Beringstraße heute nur 85 Kilometer breit sowie 50 bis 90 Meter tief.

In Nordamerika verbreiteten sich die Höhlenlöwen rasch über den gesamten Halbkontinent und erreichten zudem das nördliche Südamerika. Fast gleichzeitig wie ihre Artgenossen in Europa sind sie dann dort vor etwa 10.000 Jahren zum Ende des Eiszeitalters ausgestorben.

In Deutschland jagten riesige Löwen – wie erwähnt – schon vor etwa 600.000 Jahren an den Ufern der eiszeitlichen Flüsse Neckar, Rhein und Main. Außerdem kennt man etwa 370.000 Jahre alte Löwenfunde aus Bilzingsleben in Nordthüringen und etwa 300.000 Jahre alte Löwenfossilien aus Steinheim an der Murr in Baden-Württemberg. An all diesen Plätzen lebten auch menschliche Vorfahren wie *Homo erectus bilzingslebenensis* oder *Homo steinheimensis*.

Begegnungen mit Mosbacher Löwen dürften vor rund 600.000 Jahren für unsere damaligen Vorfahren lebensgefährlich gewesen sein. Denn diese Frühmenschen verfügten – nach den Funden zu urteilen – noch über keine wirkungsvollen Waffen. Stoßlanzen und Wurfspeere standen vermutlich erst zwischen etwa 400.000 und 300.000 Jahren zur Verfügung, wie Funde von acht etwa 1,80 bis zu 2,50 Meter langen Speeren im Baufeld Süd des Braunkohletagebaus Schönfeld (Landkreis Helmstedt) in Niedersachsen belegen.

Spätestens zwischen etwa 400.000 und 300.000 Jahren also hat sich die Lage zugunsten der Menschen verändert. Nun gehörte der Löwe zur Jagdbeute von Frühmenschen, wie als Speiseabfälle gedeutete Reste bei Ausgrabungen in Bilzingsleben (Kreis Artern) in Thüringen bezeugen.

In der Literatur werden die Mosbacher Löwen mitunter auch als Höhlenlöwen bezeichnet, was vor allem Laien verwirren dürfte. In diesem Buch wird der Begriff Höhlenlöwe ausschließlich für die Unterart *Panthera leo spelaea* verwendet, die sich vor etwa 300.000 Jahren aus dem Mosbacher Löwen entwickelt hat.

*Der Budapester
Paläontologe
Miklós Kretzoi
(1907–2005)
beschrieb 1938 den
Europäischen Jaguar
(Panthera onca
gombaszoegensis)*

*Der Mainzer Zoologe
Helmut Hemmer
gilt weltweit
als Spezialist
für fossile Katzen.*

Europäische Jaguare in den Mosbach-Sanden

Im Sommer 1913 entdeckte der Mainzer Paläontologe Otto
Schmittgen (1879–1938) in den Mosbach-Sanden ein rechtes
Unterkieferbruchstück mit einem gut erhaltenen Backenzahn
von einer Raubkatze. Dabei handelte es sich – wie man heute
weiß – um den ersten Fund von einem Europäischen Jaguar
(*Panthera onca gombaszoegensis*) in Mosbach. Der Name
Panthera onca gombaszoegensis erinnert an den slowakischen
Fundort Gombasek (Gombaszök). Von dort hat 1938 der Budapester Paläontologe Miklós Kretzoi (1907–2005) einen derartigen Fund beschrieben.
Otto Schmittgen deutete das Mosbacher Bruchstück zunächst,
obwohl es ihm dafür eigentlich etwas zu klein erschien, als
Rest eines Löwen. Bei späteren Vergleichen gelangte er aber
zu der Überzeugung, dass es sich um einen „Panther" handeln
müsse, der bis dahin noch nicht aus Mosbach bekannt war. Weil
der Backenzahn des Mosbacher „Panthers" merklich abgekaut
war, musste es sich um ein altes Tier handeln. Der bemerkens-
werte Fund wurde im Naturhistorischen Museum Mainz aufbewahrt.
1968 glückte in den Mosbach-Sanden der zweite Nachweis des
Europäischen Jaguars. Dabei handelte es sich um einen Unter-
kieferrest, den 1969 der Zoologe Helmut Hemmer und die Paläontologin Gerda Schütt (1931–2007) identifizierten. Die Gesamtlänge des nicht ganz vollständigen Unterkiefers dürfte etwa
16,5 bis 17 Zentimeter betragen haben. Dieses Maß entspricht
den Extremwerten heutiger afrikanischer Leoparden (*Panthera
pardus*). Es erreicht aber nicht die Variationsbreite kleiner Löwinnen, die bei etwa 19 Zentimetern beginnt. Der Eckzahn
(Fangzahn) des im Naturhistorischen Museum Mainz aufbewahrten Jaguar-Unterkiefers aus Mosbach ragt etwa 3,5 Zentimeter aus dem Knochen.
Am 24. April 1998 gelang Anne Sander bei einer von der Abteilung Archäologische und Paläontologische Denkmalpflege

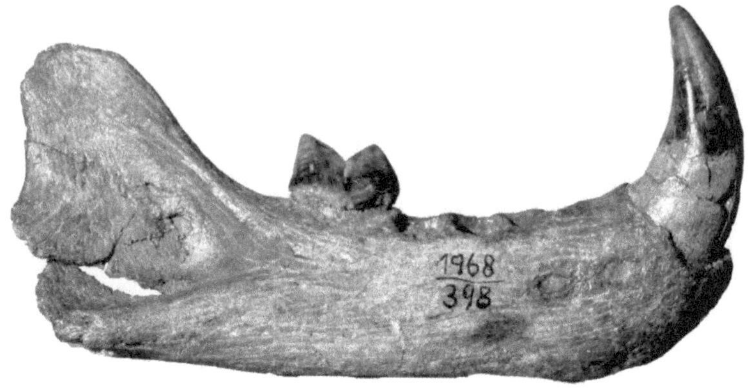

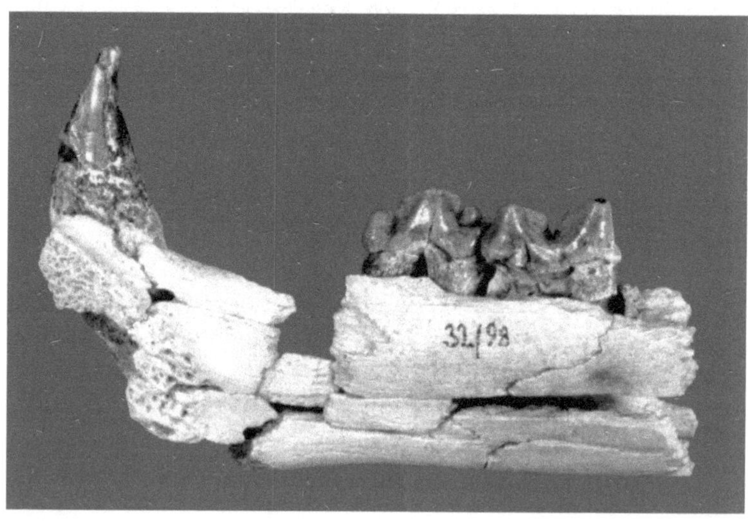

Funde des Europäischen Jaguars (Panthera onca gombas-zoegensis) aus den Mosbach-Sanden: Unterkiefer von 1968 aus dem Naturhistorischen Museum Mainz / Landessammlung für Naturkunde Rheinland-Pfalz (oben) und Unterkiefer von 1998 aus dem Landesamt für Denkmalpflege Hessen in Wiesbaden.

des Landesamtes für Denkmalpflege Hessen veranlassten Kontrollbegehung des Tagebaus Ostfeld in Wiesbaden der dritte Nachweis eines Europäischen Jaguars in den Mosbach-Sanden. Frau Sander entdeckte Fragmente des rechten Unterkieferastes von einem vermutlich weiblichen Jaguar. In der Folgezeit barg sie zusammen mit dem Paläontologen Thomas Keller weitere Kiefer- und Zahnfragmente, bis am 18. Juni 1998 insgesamt 54 Bruchstücke des Unterkiefers vorlagen. Im Juli 2001 wurde der Fund dem Mainzer Zoologen Helmut Hemmer zur Bestimmung übergeben. Erfahrene Präparatoren der Forschungsstation für Quartärpaläontologie der Senckenbergischen Naturforschenden Gesellschaft, Weimar fügten die Bruchstücke zu einem 10,8 Zentimeter langen Unterkieferfragment zusammen. Der komplette Unterkiefer dürfte schätzungsweise 18 Zentimeter lang gewesen sein. Von den erhaltenen vier Zähnen konnten nur drei in Position eingefügt werden, weil für den vorderen Vorbackenzahn ein Halt gebendes Knochenstück fehlte. Das Lebendgewicht dieses Jaguars wird auf bis zu 140 Kilogramm geschätzt.

Die Mosbacher Jaguarfunde gehören zu den geologisch jüngsten dieser Raubkatze, die schon vor etwa 1,5 Millionen Jahren im Eiszeitalter in Europa vorkam. Vielleicht war der Europäische Jaguar wie der heutige Jaguar „eng ans Wasser" gebunden und bevorzugte ebenfalls Wald- und Buschgebiete.

Panthera onca gombaszoegensis dürfte spätestens in der Mindel-Eiszeit (etwa 480.000 bis 330.000 Jahre) ausgestorben sein. Sein Verschwinden ist wohl durch die Kälte und die Konkurrenz durch Löwen bewirkt worden.

Der Europäische Jaguar wurde früher unter zahlreichen Artnamen beschrieben. Reste dieser Großkatze kamen außer in Mosbach (Hessen) auch an anderen Fundstellen in Deutschland zum Vorschein: Rabenstein bei Waischenfeld und Würzburg-Schalksberg (beide in Bayern) sowie Weimar-Süßenborn und Untermaßfeld bei Meiningen (beide in Thüringen). Zum Fundgut der Bärenhöhle bei Sonnenbühl-Erpfingen (Baden-

Europäischer Jaguar (Panthera onca gombaszoegensis): ein von dem japanischen Künstler Shuhei Tamura aus Kanagawa geschaffenes Lebensbild

Württemberg) gehört der Toskanische Jaguar (*Panthera onca toscana*), der aber vielleicht mit dem Europäischen Jaguar identisch ist.

Jaguarfossilien hat man außer in Deutschland auch in Spanien, Frankreich, Italien, Belgien, den Niederlanden, England, Österreich, Ungarn, Tschechien, der Slowakei, Rumänien, Bulgarien, Griechenland, Georgien und in der Ukraine geborgen. Bei einer Ausgrabung am französischen Fundort Château in Burgund entdeckten die Paläontologen Alain Argant und Jacqueline Argant sogar Teile eines fast kompletten Skelettes mit Schädel von *Panthera onca gombaszoegensis.*

Alain Argant, Jacqueline Argant, Marcel Jeannet (alle drei aus Frankreich) und Margarita Erbajeva (Russland) haben 2007 in der Publikation „Courier Forschungs-Institut Senckenberg" zahlreiche Fundorte des Europäischen Jaguars erwähnt:

Frankreich: L'Escale, Château, La Nauterie, Artenac, Vallonnet, Cénac-et-Saint-Julien Grotte XIV, Villereversure, Azé-Aiglons, Marignat

Spanien: Atapuerca Gran Dolina, Huéscar I

Italien: Olivola, Val d'Arno, Perugia

England: Westbury-sub-Mendip

Belgien: Sprimont/Belle-roche

Niederlande: Maasvlakte bei Rotterdam, Nordsee

Deutschland: Mosbach, Würzburg-Schalksberg, Untermaßfeld, Weimar-Süßenborn, Rabenstein bei Waischenfeld

Österreich: Hundsheim

Tschechien: Koneprusy, Stránská Skála, Holsteijn 1/Chlum 6,

Slowakei: Gomsbasek (Gombaszög)

Ungarn: Vérteszölös II, Villány 3, Somssich-hegy 2, Kövesvárad, Uppony 1

Rumänien: Betfia

Bulgarien: Slivnica

Griechenland: Volos, Gerakou 1, Petralona

Georgien: Akhalkalaki

Ukraine: Zimbal

Lebensbild der aus Nordamerika bekannten Säbelzahnkatze Homotherium serum von Hristo Peshev in Blagoevgrab (Bulgarien)

Lebensbild einer Säbelzahnkatze des Kulmbacher Kunstmalers Max Wild (1911–2000) aus den frühen 1980-er Jahren. Original in der Sammlung Ernst Probst, Mainz-Kostheim

Eine Säbelzahnkatze in den Mosbach-Sanden

Ein 1963 entdeckter Mittelhandknochen aus den Mosbach-Sanden von Wiesbaden stammt von der Säbelzahnkatze *Homotherium crenatidens*. Dieser seltene Fund wurde 1979 von der Paläontologin Gerda Schütt identifiziert. Die Säbelzahnkatze aus den Mosbach-Sanden steht in der Größe zwischen einem Jaguar und einem Löwen. Sie besaß einen großen und schweren Kopf, zwei mehr als fingerlange Eckzähne im Oberkiefer, einen ziemlich kurzen Körper, kraftvolle Beine und einen kurzen Schwanz. Zwei Fingerknochen und einen Eckzahn der Säbelzahnkatze *Homotherium crenatidens* hat man auch in Mauer bei Heidelberg entdeckt.

Im Eiszeitalter gab es zwei Arten der Säbelzahnkatzen-Gattung *Homotherium* in Europa. Die größere davon namens *Homotherium crenatidens* mit einer Gesamtlänge von der Nasen- bis zur Schwanzspitze von ca. 1,90 Metern und einer Schulterhöhe von etwa einem Meter lebte vom frühen bis zum mittleren Eiszeitalter, die kleinere Nachfolgeart *Homotherium latidens* behauptete sich vom mittleren bis zum späten Eiszeitalter. Der letzteren Form ähnelt eine Tierstatuette, die 1896 in der Höhle von Isturitz (Südwestfrankreich) entdeckt wurde.

Obwohl die Säbelzahnkatze *Homotherium* ziemlich groß und kräftig war, wirkte sie wesentlich schlanker und hochbeiniger als die Säbelzahnkatzen der Gattungen *Smilodon* und *Megantereon*, die zur gleichen Zeit in Eurasien, Afrika und Amerika existierten. Wie bei *Smilodon* waren die Vorderbeine von *Homotherium* merklich länger als die Hinterbeine, weswegen seine Rückenlinie nach hinten abfiel. Im Gegensatz zu *Smilodon* mit bis zu 28 Zentimeter langen Eckzähnen trug *Homotherium* zwei relativ kurze, mehr als fingerlange Eckzähne, die zudem stärker gekrümmt, flach, gezackt und messerscharf waren. Mit diesen Eckzähnen konnte *Homotherium* seinen Opfern eher Reisswunden als tiefe Stoßwunden zufügen. Oder er hat damit Aas, das durch Verwesungsgase aufgetrieben war, geöffnet.

Die Paläontologin Gerda Schütt (1931–2007) machte sich um die Erforschung von Raubtieren aus dem Eiszeitalter verdient. Für die Mosbach-Sande in Wiesbaden zum Beispiel führte sie Erstnachweise für die Säbelzahnkatze, den Gepard – und zusammen mit Helmut Hemmer – für den Europäischen Jaguar.

Rätselhaft ist, dass die Krallen bei *Homotherium* offenbar nicht vollständig einziehbar waren. Eventuell hatten sie – wie bei heutigen Hunden und Hyänen – eine Funktion wie Spikes, um lang anhaltende Verfolgungen zu ermöglichen. Diese Säbelzahnkatze dürfte ein ausdauernder Läufer gewesen sein und offene Landschaften – wie Steppen – bevorzugt haben.
Säbelzahnkatzen werden von Experten und Laien oft als Säbelzahntiger bezeichnet. Doch diese populäre Bezeichnung ist unzutreffend, weil Säbelzahnkatzen nicht mit dem heutigen Tiger verwandt sind. Es gibt aber auch Paläontologen, die den Begriff Säbelzahnkatzen nicht mögen und lieber von Dolchzahnkatzen sprechen. Unter Dolchzahnkatzen wiederum können sich Laien oft nichts vorstellen.

Geparden in den Mosbach-Sanden

Zeitgenossen der Mosbacher Löwen waren auch Geparden, für die 2008 der Zoologe Helmut Hemmer (Mainz) sowie die Paläontologen Ralf Dietrich Kahlke (Weimar) und Thomas Keller (Wiesbaden) den wissenschaftlichen Namen *Acinonyx pardinensis* (sensu lato) *intermedius* vorgeschlagen haben. Diese Raubkatzen aus den Mosbach-Sanden von Wiesbaden waren größer und schwerer als ihre schnellen asiatischen und afrikanischen Verwandten (*Acinonyx jubatus*) der Gegenwart. Das kann man aus ihren fossilen Resten schließen. Bisher sind in den Mosbach-Sanden drei Fossilien von Geparden entdeckt worden.

1969 erwähnte die Paläontologin Gerda Schütt einen Leoparden-Fund (*Panthera pardus*) aus den Mosbach-Sanden, der in einer Privatsammlung aufbewahrt wurde und zur Publikation durch den Weimarer Paläontologen Hans Dietrich Kahlke vorgesehen war. Nach einem Hinweis von Kahlke wurde dieses Fossil 2002 von dem Paläontologen Jens Lorenz Franzen in der Mosbach-Sammlung der Sektion Paläanthropologie des Forschungsinstitutes Senckenberg in Frankfurt am Main aufgefunden. Es war durch den Kauf dieser Privatsammlung durch Gustav Heinrich Ralph von Koenigswald (1902–1982) zu Senckenberg gelangt. Der Mainzer Zoologe Helmut Hemmer identifizierte das rund sechs Zentimeter lange rechte Unterkieferbruchstück mit Resten zweier Zähne 2003 als Gepard. Nach seiner Ansicht stammt es von einem etwa 60 Kilogramm schweren Weibchen.

1970 beschrieb Gerda Schütt ein in den Mosbach-Sanden entdecktes linkes Oberarmknochenfragment von einem Geparden und ordnete es der Art *Acinonyx pardinensis* zu. Dieser 3,7 Zentimeter lange Fund von 1959 wird im Naturhistorischen Museum Mainz aufbewahrt. Es ist – laut Helmut Hemmer – ein Knochen von einem schätzungsweise rund 60 Kilogramm schweren Weibchen.

Lebensbilder des Geparden Acinonyx pardinensis aus dem Eiszeitalter vor etwa 600.000 Jahren. Das Bild oben stammt von dem deutschen Kunstmaler Fritz Wendler, das Bild unten von dem japanischen Künstler Shuhei Tamura aus Kanagawa.

Am 10. März 2000 glückte Anne Sander von der Abteilung Archäologische und Paläontologische Denkmalpflege des Landesamtes für Denkmalpflege Hessen in den Mosbach-Sanden von Wiesbaden der Fund eines rechten Oberschenkelknochens von einem Geparden. Von dem ursprünglich rund 31 Zentimeter langen Oberschenkelknochen waren 27,3 Zentimeter erhalten geblieben. Helmut Hemmer vermutet, dies sei ein Rest von einem männlichen Geparden mit einem Gewicht von etwa 90 Kilogramm.

Heutige Geparden haben eine Kopfrumpflänge bis zu etwa 1,35 Meter, wozu noch ein maximal 0,75 Meter langer Schwanz kommt, und oft nur ein Gewicht von etwa 60 Kilogramm. Wegen ihres höheren Gewichts dürften die früheiszeitlichen Geparden im Rhein-Main-Gebiet keine so schnellen Sprinter wie ihre jetzigen Verwandten gewesen sein, die auf kurzen Strecken eine Geschwindigkeit von bis zu 110 Stundenkilometern erreichen. Geparden sind ab der Mindel-Eiszeit (etwa 480.000 bis 330.000 Jahre) in Europa nicht mehr nachweisbar.

Heutiger Leopard (Panthera pardus) in seinem Versteck. Das Foto wurde von Jochen Zapfe aus Berlin im Okavango-Delta in Botswana aufgenommen.

Leoparden in den Mosbach-Sanden?

Vermutlich lebten im Cromer (etwa 800.000 bis 480.000 Jahre) auch am Main und Rhein in der Wiesbadener und Mainzer Gegend prächtige Leoparden der Unterart *Panthera pardus sickenbergi*, die aus Mauer bei Heidelberg (Baden-Württemberg) nachgewiesen ist. Jene Unterart wurde 1969 von der Paläontologin Gerda Schütt anhand eines linken Vorbackenzahns und eines rechten Unterkieferfragments aus Mauer beschrieben. Der Name dieser Unterart erinnert an den Hannoveraner Geologen Otto Sickenberg (1901–1974). Sicherlich haben Leoparden nicht nur am Ufer des eiszeitlichen Neckars gejagt. Irgendwann wird man auch in den Mosbach-Sanden einen Leopardenrest finden.
Heutige Leoparden verfügen über einen ungewöhnlich guten Gehörsinn. Sie können für Menschen nicht mehr hörbare Frequenzen bis zu 45.000 Hertz wahrnehmen. Ihre Augen sind nach vorn gerichtet und weisen eine breite Überschneidung der Sehfelder auf, was ihnen ein ausgezeichnetes räumliches Sehen ermöglicht. Bei Tageslicht verfügt der Leopard über ein Sehvermögen wie ein Mensch, doch in der Nacht über ein fünf- bis sechsfach besseres Sehvermögen. Auch der Geruchssinn ist hervoragend ausgeprägt.
Jetzige Leoparden fressen Käfer, Reptilien, Vögel und Säugetiere (meistens mittelgroße Huftiere). Als Jagdmethoden praktizieren sie die Anschleichjagd oder die passive Lauerjagd. Sie können bis zu 60 Stundenkilometer schnell sprinten und mit wenigen Sätzen etliche Meter weit springen, doch schon auf mittleren Distanzen sind ihre meisten Beutetiere schneller. Leoparden versuchen deswegen, unbemerkt so nahe wie möglich an ihr Opfer heranzuschleichen, um die Distanz vor dem Angriff zu verkürzen. Auf Bäume sitzende Leoparden lassen geduldig Beutetiere unter sich vorbeiziehen, bis ein geeigneter Moment für einen Angriff eintritt. Meistens klettern sie dann vorsichtig an der für das auserwählte Opfer nicht sichtbaren

Seite des Baumstammes herab oder springen – wenn der Baum nicht zu hoch ist – direkt von oben auf die Beute. Mitunter vertreiben sie auch schwächere Raubtiere – wie Geparden – von ihrer Beute oder benügen sich mit Aas.

Im Normalfall gehen Leoparden dem Menschen aus dem Weg, was wohl auch im Eiszeitalter der Fall gewesen sein könnte. Von 1918 bis 1926 gelangte aber der so genannte Leopard von Rudrapraya in Indien zu trauriger Berühmtheit, als er angeblich ingesamt 125 Menschen tötete, bevor ihn der Großwildjäger Jim Corbett erlegte. 1924 tötete ein anderer Leopard in Punani auf Sri Lanka (früher Ceylon) insgesamt ein Dutzend Menschen.

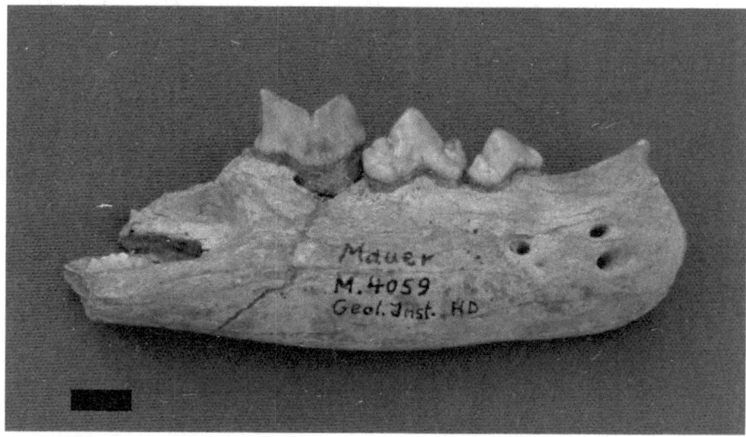

Rechtes Unterkieferfragment mit Zähnen eines fossilen Leoparden (Panthera pardus sickenbergi) von Mauer bei Heidelberg. Maßstab links unten: 1 Zentimeter. Original im Staatlichen Museum für Naturkunde, Karlsruhe.

Funde vom Mosbacher Löwen in Deutschland

Hessen

Mosbach-Sande von Mosbach im Stadtkreis Wiesbaden: Nach Funden von dort und aus den Mauerer Sanden von Mauer bei Heidelberg ist 1906 der vor etwa 600.000 Jahren lebende Mosbacher Löwe (*Panthera leo fossilis*) von Wilhelm von Reichenau (1847–1925) beschrieben worden. Von diesem riesigen Löwen stammt der Höhlenlöwe (*Panthera leo spelaea*) ab. Reste von Mosbacher Löwen aus den Mosbach-Sanden werden im Naturhistorischen Museum Mainz, in der Universität Mainz und im Museum Wiesbaden aufbewahrt. Auf der Inventarliste des Naturhistorischen Museums Mainz sind etwa 35 Fundstücke vom Mosbacher Löwen erwähnt (einzelne Zähne, Unterkiefer, Knochen des Arm- und Beinskelettes). Ein Eckzahn (Fangzahn) ist 11,5 Zentimeter lang. Aus einem im Naturhistorischen Museum Mainz aufbewahrten Unterkieferast des Mosbacher Löwen ragt der Eckzahn fünf Zentimeter aus dem Kieferknochen. Im Museum Wiesbaden liegen ein 1904 in einer Sandgrube von Wiesbaden (Waldstraße) geborgener Eckzahn vom Mosbach-Löwen und ein weiterer aus einer Sandgrube in der Gegend von Hochheim am Main.

Baden-Württemberg

Mauerer Sande von Mauer bei Heidelberg: Löwenreste aus Mauer lagen schon 1906 bei der ersten Beschreibung des Mosbacher Löwen vor. Ein etwa 43 Zentimeter langer Oberschädel eines Mosbacher Löwen vom Fundort des etwa 630.000 Jahre alten Unterkiefers des Heidelberg-Menschen (*Homo*

Der Geologe, Paläontologe
und Prähistoriker Dietrich Mania
entdeckte 1969
die berühmte Fundstelle Bilzingsleben.
Dort kamen vor allem Fossilien
von Frühmenschen zum Vorschein,
aber auch Reste von Löwen.

erectus heidelbergensis oder *Homo heidelbergensis*) wird im Urgeschichtlichen Museum der Gemeinde Mauer aufbewahrt.

Nordrhein-Westfalen

Dechenhöhle im Stadtteil Grüne von Iserlohn (Märkischer Kreis) im Sauerland: In der nach dem Bonner Geologen und Bergmann Ernst Heinrich Carl von Dechen (1800–1889) benannten Höhle kamen auch der Oberkiefer und Skelettreste eines Löwen zum Vorschein, die aus dem „Altpleistozän" stammen sollen. Doch die Datierung dieses Fundes ist unsicher. Der Berliner Paläontologe Wilhelm Otto Dietrich (1881–1964) hat diesen Fund als neue Unterart namens *Panthera leo brachygnathus* beschrieben. Seine Aufsatz hierüber erschien 1968 – einige Jahre nach seinem Tod. In der Dechenhöhle wurden 1994 bei der Bergung eines Schädels vom Waldnashorn (*Dicerorhinus kirchbergensis*) – vermutlich aus der Holstein-Warmzeit (etwa 330.000 bis 300.000 Jahre) – ein Eckzahnfragment und der dritte linke Mittelfußknochen eines Löwen gefunden. Alain Argant, Jacqueline Argant, Marcel Jeannet (Frankreich) und Margarita Erbajeva (Russland) erwähnten die Dechenhöhle 2007 als Fundort des Mosbacher Löwen. Die Dechenhöhle gilt als eine der schönsten und meistbesuchten Schauhöhlen Deutschlands. Sie wurde 1868 von zwei Eisenbahnarbeitern entdeckt, denen ein Hammer in einen Felsspalt gefallen war, der sich als Zugang zu einer Tropfsteinhöhle entpuppte. Bereits im Entdeckungsjahr diente sie als Schauhöhle. Neben der Höhle befindet sich seit 2006 das Deutsche Höhlenmuseum.

Thüringen

Bilzingsleben am Rand des Wippertals (Kreis Artern), weltberühmter Fundort zahlreicher Fossilien des Frühmenschen *Homo erectus bilzingslebenensis* aus der Zeit vor etwa 370.000 Jahren: Die Fundstelle Bilzingsleben wurde im August 1969 von dem damals 31-jährigen Aspiranten Dietrich Mania vom Geologisch-Paläontologischen Institut der Universität Halle/Saale entdeckt. Als er auf der Sohle des westlichsten Travertinsteinbruches von Bilzingsleben grub, um für seine Habilitationsarbeit über die Klimaentwicklung des Eiszeitalters einige Molluskenproben entnehmen zu können, stieß er nach Wegräumen von etwa drei Meter Gesteinsschutt auf eine Schicht voller Mollusken und einen Spatenstich tiefer auf den Fußwurzelknochen eines Elefanten und Abfallsplitter aus Feuerstein, wie sie bei der Werkzeugherstellung durch Frühmenschen entstehen. Bei Ausgrabungen von Dietrich Mania im ehemaligen Steinbruch „Steinrinne" entdeckte man unter anderem Jagdbeutereste bzw. Speiseabfälle von Frühmenschen, zu denen auch Reste von Löwen gehören. Bei den Löwenresten handelt es sich um zwei Oberkieferfragmente erwachsener Tiere, einige Milcheckzähne junger Tiere sowie Skelettfragmente erwachsener Löwen. Volker Töpfer bezeichnete die Fossilien als Reste von Höhlenlöwen. Alain Argant, Jacqueline Argant, Marcel Jeannet (Frankreich) und Margarita Erbajeva (Russland) dagegen erwähnten Bilzingsleben 2007 als Fundort des Mosbacher Löwen.

Weimar-Süßenborn: In den Kieslagern von Weimar-Süßenborn sind zahlreiche Reste von Säugetieren – wie Elefanten, Nashörner, Hirsche, Wildpferde, Raubtiere – aus dem Eiszeitalter gefunden worden. Bei den Kiesen handelt es sich um Ablagerungen der Ilm, die nach Angaben des Weimarer Paläontologen Lutz Maus etwas älter als 600.000 Jahre sind. Alain Argant, Jacqueline Argant, Marcel Jeannet (Frankreich) und Margarita Erbajeva (Russland) erwähnten Süßenborn 2007 als Fundort des Mosbacher Löwen und des Europäischen Jaguars (*Panthera onca gombaszoegensis*).

Eiszeitliche Raubkatzen in Deutschland

Zur Tierwelt vor ca. 600.000 Jahren gehörte auch der Gepard

Der Mosbacher Löwe

Der Mosbacher Löwe (*Panthera leo fossilis*) trat im Eiszeitalter vor etwa 700.000 Jahren in Europa erstmals auf, wie ein Fund aus Isernia bei Molise in Italien belegt. Vor etwa 600.000 Jahren ist er aus den Mosbach-Sanden von Mosbach in Wiesbaden sowie aus den Mauerer Sanden von Mauer bei Heidelberg nachgewiesen. Originalfunde vom Mosbacher Löwen liegen im Naturhistorischen Museum Mainz, in der Universität Mainz, im Museum Wiesbaden und im Urgeschichtlichen Museum der Gemeinde Mauer.

Der Mosbacher Löwe gilt mit einer maximalen Gesamtlänge bis zu etwa 3,60 Metern als die größte Raubkatze in Deutschland und Europa. Seine Kopfrumpflänge betrug ca. 2,40 Meter, hinzu kam noch ein etwa 1,20 Meter langer Schwanz. Nur der Amerikanische Höhlenlöwe (*Panthera leo atrox*) mit einer maximalen Gesamtlänge von ungefähr 3,70 Metern übertraf die Maße des Mosbacher Löwen.

Der Mosbacher Löwe behauptete sich vermutlich bis vor schätzungweise 300.000 Jahren. Aus ihm entwickelte sich der Europäische Höhlenlöwe (*Panthera leo spelaea*).

Alain Argant, Jacqueline Argant, Marcel Jeannet (alle drei aus Frankreich) und Margarita Erbajeva (Russland) haben 2007 in der Publikation „Courier Forschungs-Institut Senckenberg" eine Karte veröffentlicht, auf der zahlreiche Fundorte des Mosbacher Löwen erwähnt sind:

Frankreich: Château, Aldène, Lunel-Viel,
Tautavel/Arago-Höhle, La Fage, Artenac
Spanien: Torralba-Ambrona, Atapuerca/Gran Dolina
Belgien: Sprimont/Belle-Roche
England: Westbury-sub-Medip, Boxgrove
Deutschland: Dechenhöhle, Mauer, Mosbach,
Heppenloch/Gutenberger Höhle, Weimar-Süßenborn,
Weimar-Taubach, Bilzingsleben, Moggaster Höhle,
Hunas/Hartmannshof

Mosbacher Löwe (Panthera leo fossilis), links unten

Österreich: Deutsch-Altenburg 1
Tschechien: Stránská skála
Ungarn: Várhegy, Vértesszölös II
Griechenland: Petralona, Megapolis
Moldawien: Tiraspol
Italien: Torre in Pietra, Isernia

Der Europäische Höhlenlöwe

Der Europäische Höhlenlöwe (*Panthera leo spelaea*) existierte im Eiszeitalter vor etwa 300.000 bis 10.000 Jahren. Er erreichte eine Kopfrumpflänge von etwa 1,45 bis 2,20 Metern, wozu noch der Schwanz kam, sowie eine Schulterhöhe von etwa 0,90 bis 1,50 Metern. Das Gewicht der größten Höhlenlöwen wird auf mehr als 300 Kilogramm geschätzt. Heutige Löwen bringen es auf eine Kopfrumpflänge von etwa 1,90 Metern, wozu noch 0,90 Meter für den Schwanz hinzukommen, eine Schulterhöhe von etwa einem Meter und ein Gewicht von rund 175 Kilogramm. Ein in Siegsdorf (Kreis Traunstein) in Bayern entdeckter Höhlenlöwe hatte eine Kopfrumpflänge von etwa 2,10 Metern und eine Schulterhöhe von etwa 1,20 Metern. Besonders viele Funde von Höhlenlöwen liegen aus dem Oberpleistozän (etwa 125.000 bis 11.700 Jahre) vor. Fossilien von Höhlenlöwen werden in zahlreichen deutschen Museen aufbewahrt.

Höhlenlöwe auf einer Zeichnung des Künstlers Shuhei Tamura aus Kanagawa in Japan

Der Europäische Jaguar

Der Jaguar war im Eiszeitalter viele 100.000 Jahre lang die einzige in Europa heimische Pantherkatze. Nach den Fossilfunden zu schließen, existierten zeitlich aufeinanderfolgend der Toskanische Jaguar (*Panthera onca toscana*) und der Europäische Jaguar (*Panthera onca gombaszoegensis*).
Den Toskanischen Jaguar (früher irrtümlich auch Toskana-Löwe genannt) hat 1949 der Basler Lehrer und Paläontologe Samuel Schaub (1882–1962) nach einem Fund aus der Toskana (Italien) beschrieben. Der Europäische Jaguar wurde bereits 1938 von dem Budapester Paläontologen Miklós Kretzoi (1907–2005) nach einem Fund vom slowakischen Fundort Gombasek (Gombaszök) beschrieben.
In der Fachwelt wird darüber diskutiert, dass es sich beim Toskanischen Jaguar und beim Europäischen Jaguar um ein und dieselbe Form handeln könnte. Wenn dies zuträfe, gilt für beide Formen der wissenschaftliche Name *Panthera onca gombaszoegensis*. Manche Autoren betrachten diese beiden Jaguare – statt als Unterarten – als Arten und nennen sie deswegen *Panthera toscana* und *Panthera gombaszoegensis*.
Der Toskanische Jaguar kam vor mehr als 1,6 Millionen Jahren in Italien (Olivola) vor. In den Niederlanden (Tegelen) existierte er ebenfalls zu dieser Zeit. Ähnlich alt könnten Reste des Toskanischen Jaguars vom Eingang der Bärenhöhle bei Sonnenbühl-Erpfingen (Baden-Württemberg) sein.
In Thüringen (bei Untermaßfeld nahe Meiningen) lebte der Europäische Jaguar – nach Gebissresten zu schließen – vor mehr als einer Million Jahren. Aus der Gegend von Rotterdam (Maasvlakte) kennt man einen etwa 800.000 bis 900.000 Jahre alten Oberkieferrest des Europäischen Jaguars. Ähnlich alt ist der Oberkieferrest eines Europäischen Jaguars aus Georgien (Akhalkalaki). Erst vor rund 700.000 Jahren bekam der Jaguar in Europa Konkurrenz durch den Löwen und fast zur selben Zeit durch den Leoparden. In Hessen (Mosbach im Stadtkreis

Wiesbaden), Thüringen (Weimar-Süßenborn) und Bayern (Rabenstein bei Waischenfeld, Würzburg-Schalksberg) existierte der Europäische Jaguar vor etwa 600.000 Jahren. Ein ähnlich alter Jaguarrest wird von Alain Argant, Jacqueline Argant, Marcel Jeannet und Margarita Erbajeva aus Hundsheim in Niederösterreich erwähnt. Auffallenderweise sind in Mosbach viele Reste von Löwen, aber wenige von Jaguaren gefunden wurden. Löwe und Jaguar kamen auch in Westbury-sub-Mendip (England), Château (Frankreich), Vértesszölös (Ungarn) und Petralona (Griechenland) zusammen in der gleichen Schicht vor. *Panthera onca gombaszoegensis* dürfte spätestens in der Mindel-Eiszeit (etwa 480.000 bis 330.000 Jahre) ausgestorben sein. Der Europäische Jaguar wurde früher unter zahlreichen Artnamen beschrieben.

Heutiger Jaguar (Panthera pardus) im Loro Park (Teneriffa).
Aufgenommen von Joachim S. Müller aus Darmstadt

Die Säbelzahnkatze

Die Säbelzahnkatze *Homotherium* existierte in Afrika bereits im frühen Pliozän vor etwa 5 Millionen Jahren. Bis zum Eiszeitalter lebte sie außer in Afrika auch in Europa und in Nordamerika. Die letzten Funde aus dem „Schwarzen Erdteil" sind etwa 1,5 Millionen Jahre alt. Die Säbelzahnkatzen-Gattung *Homotherium* wurde 1890 von dem italienischen Naturforscher Emilio Fabrini erstmals beschrieben (griechisch: homos = gleich, ähnlich, therion = wildes Tier).
Über eine Million Jahre alt sind die Fossilien der Säbelzahnkatzen *Homotherium crenatidens* und *Megantereon cultridens adroveri* aus einem eiszeitlichen Leichenfeld bei Untermaßfeld nahe Meiningen in Thüringen.

Rekonstruktion der Säbelzahnkatze Megantereon cultridens im Naturhistorischen Museum Wien

Schädel eines Jungtieres (oben) und Unterkiefer eines erwach-senen Tieres (unten) der Säbelzahnkatze Homotherium crena-tidens aus der Spaltenfüllung 11 im Kalksteinbruch bei Neu-leiningen nahe Grünstadt in Rheinland-Pfalz. Originale im Pfalzmuseum für Naturkunde, Bad Dürkheim, und in der Samm-lung von Ulrich H. J. Heidtke, Niederkirchen (Pfalz)

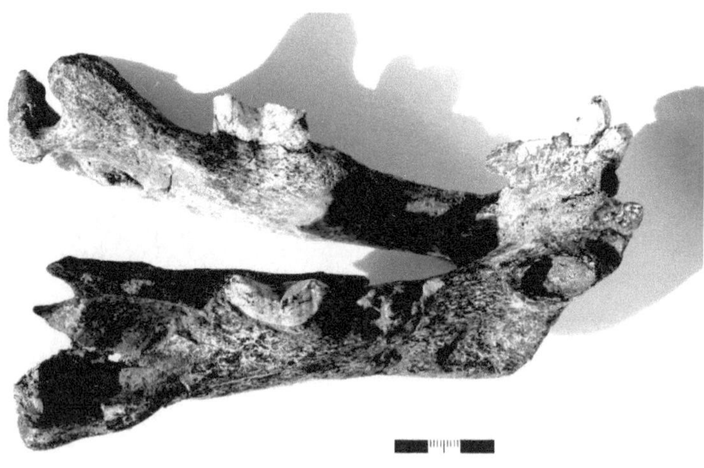

Nach einem Fund aus Senèze in Frankreich zu schließen, hatte *Megantereon* eine Schulterhöhe von etwa 70 Zentimetern. Die Länge soll etwa 1,20 Meter betragen haben. Diese Säbelzahnkatze trug einen vorstehenden Flansch am Unterkiefer sowie sehr große Eckzähne im Oberkiefer und merklich kleinere im Unterkiefer. Ihre Eckzähne besaßen eher die Größe und Form eines Dolches als die eines Säbels.

Auf Basis des *Megantereon*-Skelettfundes aus Sèneze und Zeichnungen von Mauricio Antòn ist im Naturhistorischen Museum Wien (NHM) das weltweit erste lebensechte Modell dieser Säbelzahnkatze angefertigt worden. Es entstand unter der wissenschaftlichen Leitung von Martin Lödl, Direktor der 2. Zoologischen Abteilung des NHM und Doris Nagel, Professorin am Institut für Paläontologie der Universität Wien. Die Ausführung des Modells lag in den Händen von Präparator Horst-Gustav Wiedenroth und seines Teams.

Megantereon existierte vor etwa 4,5 Millionen bis 500.000 Jahren und war der Vorfahre der amerikanischen Säbelzahnkatze *Smilodon*. Der mehr als eine Million Jahre alte Fund von *Megantereon* aus Thüringen gilt als geologisch jüngster dieser Gattung in Europa.

Säbelzahnkatzen-Fossilien von *Homotherium crenatidens* aus den Mosbach-Sanden von Wiesbaden und den Mauerer Sanden von Mauer bei Heidelberg sind rund 600.000 Jahre alt. In den Mosbach-Sanden fand man einen Mittelhandknochen, in den Mauerer Sanden einen Eckzahn des Oberkiefers, drei Mittelhandknochen, neun post-craniale Skelettelemente und einen Zahn von *Homotherium crenatidens*. Aus Weimar-Süßenborn liegt ein vorderer Backenzahn des linken Oberkieferastes von *Homotherium* sp. vor, der etwas mehr als 600.000 Jahre alt ist. Ein Alter von etwa 500.000 Jahren haben der Schädel eines Jungtieres und der Unterkiefer eines erwachsenen Tieres der Säbelzahnkatze *Homotherium crenatidens*, die von Ulrich H. J. Heidtke in der Spaltenfüllung 11 im Kalksteinbruch bei Neuleiningen nahe Grünstadt in Rheinland-Pfalz entdeckt wurden.

Auch in Niederösterreich hat man Reste der Säbelzahnkatze *Homotherium* geborgen. Aus einer Spaltenfüllung bei Hundsheim ist die Art *Homotherium moravicum* bekannt und aus Deutsch-Altenburg 1 die Art *Homotherium sainzelli*.

Lange glaubte man, die Gattung *Homotherium* sei in Europa bereits im Eiszeitalter vor etwa 500.000 oder 300.000 Jahren ausgestorben. Doch im März 2000 wurde in der Nordsee, die im Eiszeitalter zeitweise Festland („Nordseeland") gewesen war, ein nur ca. 28.000 Jahre alter Unterkieferast der Säbelzahnkatze *Homotherium latidens* entdeckt. Dieses südwestlich der Braunen Bank aufgefischte Fossil gilt als jüngster Fund einer Säbelzahnkatze in Europa und Asien. Im August 2008 holte ein niederländischer Fischkutter vor der Küste Ostenglands ein mehr als 850.000 Jahre altes Oberarmknochen-Fragment vom linken Vorderbein einer männlichen Säbelzahnkatze der Art *Homotherium crenatidens* vom Nordseegrund. Dieses Fossil ist der erste Fund dieser Säbelzahnkatze aus Nordwest-Europa.

Die Gattung *Homotherium* erreichte eine Schulterhöhe von ca. 1,10 Meter, was etwa einem heutigen Löwen entspricht. Ihr Gewicht wird auf rund 200 Kilogramm geschätzt. Ein Eckzahn einschließlich Wurzel aus dem Oberkiefer von *Homotherium crenatidens* von Untermaßfeld bei Meiningen ist 15,8 Zentimeter lang. Die Säbelzahnkatzen traten – wie Bären und der Mensch – mit der ganzen Sohle auf (Sohlengänger) anstatt nur mit den Zehen (Zehengänger) wie die meisten Katzen.

Originalfunde von Säbelzahnkatzen werden in der Forschungsstation für Quartärpaläontologie Weimar, im Naturhistorischen Museum Mainz, Urgeschichtlichen Museum von Mauer, Pfalzmuseum für Naturkunde in Bad-Dürkheim und in der Sammlung Ulrich H. J. Heidtke, Niederkirchen (Pfalz), aufbewahrt.

Säbelzahnkatzen werden oft als Säbelzahntiger bezeichnet, obwohl sie mit dem heutigen Tiger nicht verwandt sind. Auch der Begriff Säbelzahnkatzen ist umstritten, weil er falsche Vorstellungen weckt. Deswegen spricht ein Teil der Wissenschaftler von Dolchzahnkatzen.

Der Leopard (Panther)

Frühe Leoparden sind in Deutschland durch zwei Funde aus den etwa 600.000 Jahre alten Mauerer Sanden von Mauer bei Heidelberg in Baden-Württemberg belegt. Im Urgeschichtlichen Museum im Rathaus von Mauer liegt der Oberkieferzahn eines Leoparden (*Panthera pardus*). Im Staatlichen Museum für Naturkunde in Karlsruhe befindet sich der Unterkiefer eines Leoparden.

Die in den Mauerer Sanden entdeckten Leopardenreste werden der Unterart *Panthera pardus sickenbergi* zugerechnet. Jene Unterart wurde 1969 von der Paläontologin Gerda Schütt († 2007) beschrieben. Der Name dieser Unterart erinnert an den Hannoveraner Geologen Otto Sickenberg (1901–1974).

Ein ähnlich hohes geologisches Alter wie der Leopard aus Südwestdeutschland hat der Panther, der in einer Spaltenfüllung von Hundsheim bei Deutsch-Altenburg in Österreich nachgewiesen wurde. An dieser berühmten Fundstelle in Niederösterreich kamen auch Fossilien vom Geparden (*Acinonyx intermedius*) und von der Säbelzahnkatze (*Homotherium moravicum*) ans Tageslicht.

Wie der Mosbacher Löwe, der Europäische Höhlenlöwe, der Ostsibirische Höhlenlöwe (Beringia-Höhlenlöwe) und der Amerikanische Höhlenlöwe gehört der Leopard zur Gattung *Panthera*. Genetischen Untersuchungen zufolge sind der Jaguar und der Löwe die nächsten Verwandten des Leoparden. Die Jaguarlinie spaltete sich vor rund 1,9 Millionen Jahren von Löwe und Leopard ab, die sich erst vor etwa 1 bis 1,25 Millionen Jahren voneinander trennten.

In Deutschland und Österreich sind etliche Reste von Leoparden aus dem Oberpleistozän (etwa 125.000 bis 11.700 Jahre) entdeckt worden. Ein Leopardenkiefer von Geinshein in Hessen wird ins Oberpleistozän datiert. Aus der Eem-Warmzeit (etwa 125.000 bis 115.000 Jahre) könnte der in der Petershöhle bei Velden (Bayern) nachgewiesene Leopard stammen. Der norddeutschen Weichsel-Eiszeit bzw. der süddeutschen Würm-Eiszeit (etwa 115.000 bis 11.700 Jahre) werden Reste von Leoparden aus der Zoolithenhöhle von Burggaillenreuth (Bayern), der ehemaligen Höhle „Teufelsbrücke" bei Saalfeld (Thüringen), der Baumannshöhle bei Rübeland (Sachsen-Anhalt) und von Niederlehme (Brandenburg) zugerechnet. Das Fragment eines Oberarmknochens von Niederlehme bei Königs Wusterhausen unweit von Berlin gilt als bisher nördlichster Fund des Leoparden in Mitteleuropa.

2002 gelang dem Wiener Paläontologen Gernot Rabeder der erste Nachweis eines Leoparden im Hochgebirge der Ostalpen. Bei einer Grabung in der Ochsenhalthöhle in etwa 1650 Meter Höhe im Toten Gebirge (Oberösterreich) entdeckte er außer zahlreichen Resten von Höhlenbären den Reißzahn eines Leoparden aus der Würm-Eiszeit vor etwa 35.000 Jahren. Vermutlich hat dieser Leopard von Bäumen aus auf junge oder auf alte und kranke Bären gelauert. Vielleicht ist der Raubkatze ein Besuch in der Ochsenhalthöhle zum Verhängnis geworden, weil ihn dort wohnende Höhlenbären zerrissen.

Heute leben Leoparden nur noch in warmen Zonen von Afrika und Asien. Nach Tiger, Löwe und Jaguar gilt der Leopard als die viertgrößte Großkatze.

In der Publikation „Pliozäne und pleistozäne Faunen Österreichs. Ein Katalog der wichtigsten Fundstellen und ihrer Faunen" (1997), herausgegeben von Doris Döppes und Gernot Rabeder, werden etliche Leopardenfunde aus Österreich erwähnt:

Hundsheimer Spaltenfüllung bei Hundsheim in der Gegend von Deutsch-Altenburg
Merkensteinhöhle bei Gainfarn im südlichen Wienerwald
Fünffenstergrotte am Kugelstein im mittleren Murtal im Grazer Bergland
Große Peggauer Wandhöhle bei Peggau im Grazer Bergland
Repolusthöhle im Badlgraben, einem Seitental des Murtales
Tropfsteinhöhle am Kugelstein bei Deutschfeistritz

Heutiger Leopard (Panthera pardus) in Namibia auf einem Baum. Dieses Foto glückte Siegbert Heinecke aus Böhl-Iggelheim in der Pre-Namib, etwa 35 Kilometer südöstlich von Sesriem. Heinecke hat besonderes „Leoparden-Glück": Bei jeder Reise nach Afrika konnte er einen Leoparden sehen und fotografieren. „Allerdings hat noch nie einer so still gehalten wie dieser", sagt er.

Der Schnee-Leopard

Der Schnee-Leopard (*Panthera unica*), auch Irbis genannt, lebte, wie Fossilfunde aus den Siwaliks in Nordpakistan beweisen, schon im Eiszeitalter vor etwa 1,4 oder 1,2 Millionen Jahren in Asien. Vorher hatte man nur wenige Fossilfunde aus dem späten Pleistozän gekannt, die aus dem Altai-Gebirge an der Westgrenze der Mongolei stammen. Der Schnee-Leopard existierte offenbar nur in Asien. Angebliche Funde aus dem Oberpleistozän (etwa 127.000 bis 11.700 Jahre) in Europa stammen vermutlich von Leoparden oder großen Luchsen. In der Literatur wird beispielsweise ein Schnee-Leoparden-Fund aus der Zoolithenhöhle von Burggaillenreuth bei Muggendorf in Bayern erwähnt.

Heutige Schnee-Leoparden haben eine Kopfrumpflänge von einem bis 1,50 Meter, eine Schulterhöhe von 0,80 bis einen Meter und ein Gewicht zwischen etwa 25 und 75 Kilogramm. Der Schnee-Leopard gilt als kleinste aller Großkatzen. Sein dickes, rauchgrau geflecktes, helles Fell schützt ihn vor beißender Kälte und ermöglicht ihm im Fels eine vorzügliche Tarnung. In der Fachliteratur heißt es über den Schnee-Leoparden, er könne sogar Tiere angreifen, die drei Mal so schwer seien wie er selbst. Er sei ein phantastischer Springer und könne Weiten bis zu 15 Metern überwinden, was ein Weltrekord im Tierreich sei.

*Heutiger Schnee-Leopard (Panthera unica) im Schnee im Zoo
Zürich. Fotografiert von Emmanuel Keller aus Grüt (Gossau)*

*Schnee-Leopard
aus der Gegenwart
im Memphiszoo
von Memphis, Tennessee.
Foto von Art Salmons
aus Russellville
(Arkansas, USA)*

Der Gepard

Der Gepard (*Acinonyx pardinensis pleistocaenicus*) ist im mehr als eine Million Jahre alten Fundgut des eiszeitlichen Leichenfeldes bei Untermaßfeld unweit von Meiningen in Thüringen vertreten. Dort konnte man unter anderem einen Oberschädel und einen fast 37 Zentimeter langen Oberschenkelknochen dieser Raubkatze bergen, die vorher nur aus Nordchina bekannt war. Dabei handelt es sich um die ältesten Gepardenfunde in Deutschland.

Die fossile Geparden-Art *Acinonyx pardinensis* wurde 1828 von den französischen Paläontologen Abbé Jean-Baptiste Croizet und Antoine Jobert erstmals beschrieben. Der Gattungsname *Acinonyx* kommt aus dem Griechischen und besteht aus den Wortteilen „akin" (nicht beweglich) und „onyx" (Kralle). Und der Artname *pardinensis* erinnert an den Fundort in Nähe des Dorfes Pardines an der Montage de Perrier.

Auch in etwa 600.000 Jahre alten Schichten der Mosbach-Sande von Mosbach in Wiesbaden (Hessen) ist der Gepard nachgewiesen. Originalfunde von Geparden aus den Mosbach-Sanden liegen im Naturhistorischen Museum Mainz, im Forschungsinstitut Senckenberg in Frankfurt am Main und in der Sammlung der Paläontologischen Denkmalpflege des Landesamtes für Denkmalpflege Hessen in Wiesbaden. Ähnlich alt wie die Fossilien aus Mosbach sind Reste vom Geparden aus Hundsheim in Niederösterreich. 2008 schlugen Helmut Hemmer (Mainz), Ralf-Dietrich Kahlke (Weimar) und Thomas Keller (Wiesbaden) für Geparden aus dem frühen Mittelpleistozän den wissenschaftlichen Namen *Acinonyx pardinensis* (sensu lato) *intermedius* vor.

Heutige Geparden erreichen eine Kopfrumpflänge von etwa 1,50 Meter, wozu ein rund 0,70 Meter langer Schwanz hinzukommt, und eine Schulterhöhe von etwa 0,80 Meter. Ihr Gewicht beträgt nur etwa 60 Kilogramm. Eiszeitliche Geparden waren – nach den gefundenen Skelettresten zu schließen – merklich grö-

Heutiger Gepard in Namibia. Foto: Lothar Henke, Leipzig

ßer und schwerer. Geparden gibt es heute noch in Savannen Afrikas und Asiens.

In der Publikation „Geparde im Mittelpleistozän Europas: *Acinonyx pardinensis* (sensu lato) *intermedius* (Thenius, 1954) aus den Mosbach-Sanden (Wiesbaden, Hessen, Deutschland)" (2008) von Helmut Hemmer (Mainz), Ralf-Dietrich Kahlke (Weimar) und Thomas Keller (Wiesbaden) werden folgende Fundorte von Geparden in Europa erwähnt:

Deutschland: Untermaßfeld bei Meiningen, Mosbach-Sande von Mosbach in Wiesbaden

Österreich: Hundsheim

Frankreich: Ètouaires, Ardé, Saint-Vallier

Italien: Casa Frata, Olivola

Der Puma

Die ältesten Fossilien, die man dem Zweig der Pumas zuord-
nen kann, kennt man aus Afrika und stammen aus dem Pliozän
vor mehr als drei Millionen Jahren. Zwei Oberkieferfragmente
eines Pumas (*Puma pardoides*) aus dem Pliozän vor mehr als
2,6 Millionen Jahren in Georgien gelten als die ältesten bekannten Fossilien dieser Raubkatze in Europa. Diese beiden Fossili-
en aus Kvabebi bei Signakhi hatte der georgische Paläontologe
Abesalom K. Vekua 1972 als Luchs (*Lynx issiodorensis*) fehl-
gedeutet. 2004 erkannte der Mainzer Zoolooge Helmut Hemmer
bei einer Untersuchung von Raubkatzen-Fossilien aus Kvabebi
in der Sammlung des Georgian State Museum in Tbilisi ihre
wahre Natur als Eurasischer Puma. Der Eurasische Puma *Puma
pardoides* wurde 1846 von dem englischen Paläontologen Ri-
chard Owen (1804–1892) erstmals beschrieben. Ebenfalls mehr
als 2,6 Millionen Jahre alt sind Puma-Funde aus Shamar in der
Mongolei, die als die ältesten Puma-Belege in Asien gelten.
Vor mehr als einer Million Jahren jagte der Puma (*Puma
pardoides*) auch in Thüringen, wie Funde aus dem Leichenfeld
bei Untermaßfeld nahe Meiningen beweisen. Dabei handelt es
sich um den ältesten Nachweis eines Pumas in Deutschland. In
Nordamerika ist der heutige Puma (*Puma concolor*), auch Sil-
berlöwe genannt, nicht vor 400.000 Jahren belegt.
In der Publikation „The Old World puma – *Puma pardoides*
(Owen, 1846) (Carnivora: Felidae) – in the Lower Villafranchian
(Upper Pliocene) of Kvabebi (East Georgia, Transcaucasia) and
its evolutionary and biogeographical significance" von Helmut
Hemmer (Mainz), Ralf-Dietrich Kahlke (Weimar) und Abe-
salom K. Vekua (Tbilisi) von 2004 werden zahllreiche Puma-
Fundorte in Europa erwähnt:
Spanien: La Puebla de Valverde
Frankreich: Ètouaires, Saint-Vallier, Le Vallonet
England: Newbourn
Niederlande: Tegelen

Heutiger Puma (Puma pardoides) im Zoo de la Barben in Süd-frankreich. Foto von Dominique Pipet aus Vitrolles (Frank-reich)

*Schwedischer Naturforscher Carl von Linné
(1707–1778)*

Deutschland: Untermaßfeld bei Meiningen
Tschechien: Stranskà Skála
Bulgarien: Varshets
Mongolei, Shamar, Beregovaya 1
Der heutige Puma (*Puma concolor*) wurde 1771 von dem schwedischen Naturforscher Carl von Linné (1707–1778) bzw. Linnaeus erstmals beschrieben. Pumas existieren in der Gegenwart nur noch in Nord- und Südamerika. Man nennt sie auch Silberlöwe, Berglöwe oder Kuguar. In den USA wird der Puma manchmal als Panther bezeichnet. Das ist aber ein Begriff, den man außerhalb der USA für verschiedene Großkatzen verwendet.

Puma concolor erreicht eine Schulterhöhe von etwa 70 Zentimetern. Männliche Pumas haben eine Kopfrumpflänge von durchschnittlich 1,30 Meter. Weibliche Pumas sind mit einer Kopfrumpflänge von durchschnittlich 1,10 Meter etwas kleiner. Zur Kopfrumpflänge kommt ein zwischen 66 und 78 Zentimetern langer Schwanz hinzu. Männliche Pumas wiegen bis zu 100 Kilogramm und mehr, weibliche Pumas meistens nicht mehr als 50 Kilogramm.

Pumas gelten als Kleinkatzen, sind Einzelgänger, tragen fünf Zehen an den Vorderpfoten und vier an den Hinterpfoten und besitzen einziehbare Krallen. Sie können bis zu vier Meter hoch und zehn Meter weit springen. Im Gegensatz zu Großkatzen brüllen sie nicht. Manche Forscher wie Truman Everts beschreiben ihren Schrei sogar als menschenähnlich.

Zum Beutespektrum der Pumas gehören Säugetiere fast aller Größen vom Elch, Hirsch, Rentier bis zu Mäusen und Ratten sowie Vögel und in manchen Gegenden auch Fische. Dagegen meiden sie Aas und Reptilien. Bei der Jagd auf größere Säugetiere schleichen sich Pumas heran, springen aus kurzer Distanz auf den Rücken des Beutetieres und brechen ihm mit einem kräftigen Biss in den Hals das Genick.

Rentierjagd im Eiszeitalter vor mehr als 12.000 Jahren in Süddeutschland. Rentiere und Wildpferde waren die wichtigsten Jagdtiere der damaligen Menschen.

Deutschland im Eiszeitalter

Das Quartär vor etwa 2,6 Millionen Jahren bis heute ist eine der kürzesten und zugleich die jüngste Periode der Erdgeschichte, die bereits vor etwa 4,6 Milliarden Jahren begonnen hatte. Seine erste und längere Epoche ist das Pleistozän (etwa 2,6 Millionen bis 11.700 Jahre), das auch Eiszeitalter genannt wird. Die zweite und kürzere Epoche heißt Holozän, Heutzeit oder Jetztzeit. Sie begann vor etwa 11.700 Jahren und währt heute noch an.

Bei der Erforschung des Quartär leisteten deutsche Wissenschaftler entscheidende Beiträge. Der badische Naturforscher Karl Friedrich Schimper (1803–1867) prägte 1837 den Begriff „quartäre Eiszeit". Er ging damals noch von einer einzigen Eiszeit im gesamten Quartär aus.

Der Berliner Geograph Albrecht Penck (1858–1945) und dessen Schüler Eduard Brückner (1862–1927) führten 1909 für das Gebiet der Alpen die heute noch in Süddeutschland gültige Gliederung in vier Eiszeiten und drei dazwischenliegende Warmzeiten ein. Die Eiszeiten (Glaziale) wurden nach den kleinen Alpenflüssen Günz, Mindel, Riss und Würm benannt, in deren Umgebung Gletscherablagerungen nachgewiesen werden konnten. Die Warmzeiten (Interglaziale) erhielten die Namen Günz-Mindel-Interglazial, Mindel-Riss-Interglazial und Riss-Würm-Interglazial.

Der Berliner Geologe Konrad Keilhack (1858–1944) schlug 1909 vor, für die in Norddeutschland nachgewiesenen Vereisungen die Namen Elster-Eiszeit, Saale-Eiszeit und Weichsel-Eiszeit zu verwenden, um sie nach süddeutschem Vorbild ebenfalls nach Flüssen zu bezeichnen. Die zwischen den norddeutschen Eiszeiten liegenden Warmzeiten wurden zunächst Elster-Saale-Interglazial und Saale-Weichsel-Interglazial genannt.

Heute bezeichnet man diese Interglaziale in Deutschland als Holstein-Warmzeit und Eem-Warmzeit.
Die süddeutsche Gliederung wurde später um die ältere Eiszeitgruppe Biber-Donau-Komplex ergänzt. Der norddeutschen Gliederung fügte man den Cromer-, Bavel-, Waal-, Eburon-, Tegelen- und den Prätegelen-Komplex hinzu. Von einer Eiszeit spricht man dann, wenn eine Abkühlung des Klimas mit Gletschervorstößen verbunden ist, während einer Kaltzeit sind solche Gletscherstöße nicht erkennbar. Ein mehrfacher Wechsel von Kalt- und Warmzeiten innerhalb von Großzyklen werden als Komplexe bezeichnet.
Die gegenwärtig in Deutschland gebräuchlichen Gliederungen des Quartär entsprechen indes nicht mehr dem neuesten Forschungsstand. Da die Experten mit einem Kalt-Warm-Zyklus von etwa 100.000 Jahren rechnen, wovon jeweils rund 80.000 Jahre kalt- und etwa 20.000 Jahre warmzeitlich sind, müsste es im Quartär ungefähr 20 solcher Zyklen gegeben haben. Die Gliederungen weisen aber weniger Zyklen aus.
Nachfolgende – teilweise überarbeitete – Gliederung des Eiszeitalters stammt aus dem Buch „Deutschland in der Urzeit" (1986) von Ernst Probst.

Die Prätegelen-Kaltzeit und die Biber-Eiszeiten

Zu Beginn des Eiszeitalters lag der größte Teil Deutschlands trocken. Sogar das Ostseebecken war Festland. Die Nordsee hatte sich weit von der Küste zurückgezogen.
Der älteste Abschnitt des Eiszeitalters ist die Prätegelen-Kaltzeit (etwa 2,6 bis 1,96 Millionen Jahre), aus der bisher in Norddeutschland keine Gletschervorstöße des nordischen Inlandseises bekannt sind. Von einer Kaltzeit spricht man immer dann, wenn keine Gletschervorstöße erfolgten.
Die Klimaverschlechterung in diesem Abschnitt wurde 1950 von den niederländischen Wissenschaftlern Isaac Martinus van

der Vlerk (1892–1974) vom ehemaligen Geologischen Institut der Rijksuniversiteit Leiden und Frans Florschütz (1887–1965) vom Botanischen Institut der Rijksunversiteit Utrecht in den Niederlanden nachgewiesen.

Etwa zur selben Zeit wie die Prätegelen-Kaltzeit in den Niederlanden und in Norddeutschland herrschten in Süddeutschland die Biber-Eiszeiten, aus denen Zeugnisse von Gletschervorstößen vorliegen. Von einer Eiszeit spricht man dann, wenn eine Abkühlung des Klimas mit Gletschervorstößen verbunden ist.
Die Biber-Eiszeiten wurden 1956 von Ingo Schaefer vom Geographischen Institut der Universität Regensburg beschrieben. Er erkannte Schotterablagerungen im Raum Augsburg als Relikte einer frühen Eiszeitengruppe, die er nach dem kleinen Bach Biber, einem Zufluss des Flüßchens Schmutter nordwestlich von Augsburg, benannte. Die Biber-Eiszeiten umfassen vermutlich zwei kalte Abschnitte.

Die Tegelen-Warmzeit

In der Tegelen-Warmzeit (etwa 1,96 bis 1,78 Millionen Jahre) ließ eine Klimaverbesserung wieder die Wälder wachsen. Tegelen ist ein Ort in den Südniederlanden, von dem zahlreiche Überreste wärmeliebender Pflanzen und Tiere bekannt sind. Der Begriff Tegelen-Warmzeit wurde 1905 von dem niederländischen Paläontologen Eugène Dubois (1858–1940) eingeführt.

Die Eburon-Kaltzeit und die Donau-Eiszeiten

Die Eburon-Kaltzeit (etwa 1,78 bis 1,30 Millionen Jahre) wurde 1957 von dem niederländischen Geologen Waldo H. Zagwijn vom Rijksgeologischen Dienst in Haarlem aufgrund des Rückganges wärmeliebender Pflanzen nachgewiesen, der in Pollenprofilen dokumentiert ist. In Norddeutschland gab es im Eburon keine Gletschervorstöße.

Ähnlich alt wie die Eburon-Kaltzeit in den Niederlanden und in Norddeutschland dürften die süddeutschen Donau-Eiszeiten sein, die vermutlich drei kalte Abschnitte umfassen. Zeugnisse dieser Alpenvorland-Vergletscherung wurden 1930 von dem katholischen Geistlichen Bartholomäus Eberl (1883–1960) aus Obergünzburg im Bereich von Memmingen entdeckt. Eberl wählte den Begriff „Donau" in Anlehnung an das System von Albrecht Penck, der die süddeutschen Eiszeiten nach Flüssen im Alpenvorland benannte.
In den Donau-Eiszeiten stieß der westliche Teil des Lechgletschers bis Kaufbeuren vor. An diesen Vorstoß erinnern heute Gletscherablagerungen (Moränen) bei Bickenried.

Die Waal-Warmzeit

Das Waal (etwa 1,30 bis 1,07 Millionen Jahre) wurde 1957 von Waldo H. Zagwijn in den Niederlanden beschrieben. Vor etwa einer Million Jahren lebte in der Hohen Eifel der Vulkanismus wieder auf. Auch in der Ost-Eifel brachen Vulkane aus. Einige Bimsvorkommen, die in der Eifel abgebaut werden, stammen aus dieser geologisch unruhigen Zeit.

Das Bavelium

Der Bavelium-Komplex (etwa 1,07 Millionen bis 990.000 Jahre), auch Bavel-Komplex oder Bavelium genannt, wurde 1983 von dem niederländischen Geologen Waldo H. Zagwijn und dem Palynologen Jan de Jong, beide am Rijksgeologischen Dienst in Harlem tätig, beschrieben.

72

Faszinierende Einblicke in die Tierwelt des Bavelium ermöglichen die etwa eine Million Jahre alten Funde aus dem Flussbett
der Ur-Werra bei Untermaßfeld nahe Meiningen in Thüringen.
Bei den Ausgrabungen des Weimarer Paläontologen Ralf-Dietrich Kahlke kamen Reste ungewöhnlich vieler Tiere zum Vorschein, die bei Hochwasser ums Leben gekommen waren. In
diesem eiszeitlichen Leichenfeld lagen Fossilien vom Flusspferd
(*Hippopotamus amphibius antiquus*), Südelefanten (*Mammuthus meridionalis*), der Säbelzahnkatze (*Megantereon
cultridens adroveri, Homotherium crenatidens*), vom Europäi-
schem Jaguar (*Panthera onca gombaszoegensis*), Puma (*Puma
pardoides*), Gepard (*Acinonyx pardinensis pleistocaenicus*),
Luchs (*Lynx issiodorensis*), der Hyäne (*Pachycrocuta brevi-
rostris*) und vom Makaken (*Macaca sylvanus*).

Weimarer Paläontologe Ralf-Dietrich Kahlke

Die Fundstelle bei Untermaßfeld gilt als die mit Abstand wichtigste und reichhaltigste ihrer Zeitstellung in Europa. Insgesamt wurden mehr als 15.000 Wirbeltierreste (davon etwa 4000 von Kleinsäugern) von rund 100 Arten geborgen. Darunter befinden sich spektakuläre Entdeckungen. Die Flusspferde aus Untermaßfeld gelten als die größten aller Zeiten. Weitere Raritäten sind der früheste Jaguar und Gepard aus Deutschland. Zudem entdeckte man bei Untermaßfeld neue Tierarten wie den *Bison menneri*, das Reh *Capreolus cusanoides*, den großen Hirsch *Eucladoceros giulii*, das Wildpferd *Equus wuesti* und den Bären *Ursus rodei*. *Bison menneri* ist mit einer Schulterhöhe von 1,78 Meter der größte Bison aller Zeiten.

Der eigenständige Charakter, die Vollständigkeit und die gute Überlieferungsqualität der Untermaßfelder Säugetierfossilien haben Ralf-Dietrich Kahlke bewogen, für die Zeit vor etwa 1,2 Millionen bis 900.000 Jahren den Begriff Epi-Villafranchium vorzuschlagen.

Die Menap-Kaltzeit und die Günz-Eiszeit

In der Menap-Kaltzeit (etwa 990.000 bis 800.000 Jahre) fielen die Temperaturen noch nicht so extrem wie in den späteren Eiszeiten des Mittel- und Oberpleistozäns. Aus Norddeutschland liegen keine Spuren von Gletschervorstößen vor. Die Menap-Kaltzeit wurde 1957 von Waldo H. Zagwijn im niederländischen Rhein-Mündungsgebiet nachgewiesen.

Im Menap verschwanden nördlich der Alpen allmählich die letzten Vertreter der wärmeorientierten Tertiärflora. Die vergletscherten Alpen, Pyrenäen und Karpaten, aber auch Trockengebiete in Spanien, verhinderten deren Rückzug in den wärmeren Süden. Deshalb konnten diese Pflanzenarten nach der Wiedererwärmung mit ihren Sämlingen keinen neuen Vorstoß nach Norden unternehmen. Aus diesem Grund ist heute die Flora in Mitteleuropa im Vergleich zu derjenigen von Nordamerika und Ostasien verarmt.

Zeitlich etwa identisch mit der Menap-Kaltzeit dürfte die süddeutsche Günz-Eiszeit sein. Sie wurde nach hochgelegenen Nagelfluhen im Iller-Lech-Gebiet – und hier vor allem im Bereich des Flusses Günz – definiert. Als Nagelfluh („Fluh" = Schweizer Begriff für Fels) bezeichnet man verfestigte Schotter, bei denen die Gerölle wie Nagelköpfe in der Gesteinsmasse wirken. Im Günz erreichten die Gletscher des österreichischen Traungletscher-Gebietes ihre größte Ausdehnung. Günzmoränen sind auch im Rhein- und Illergletschergebiet nachgewiesen.

Der Cromer-Komplex

Das Klima im Cromer (etwa 800.000 bis 480.000 Jahre) war nicht einheitlich. Einerseits gab es sehr milde, andererseits aber auch kühle Abschnitte. In Mitteleuropa wird das Comer in vier Warmzeiten und vier Kaltzeiten unterteilt. Die charakteristische Cromer-Forest-Bed-Abfolge bei Cromer in Norfolk (England) wurde 1882 von dem englischen Geologen Clement Reid (1855–1916) beschrieben.

Im Cromer ist vor etwa 780.000 Jahren eine Umpolung des Erdmagnetfeldes nachweisbar. Sie wird nach den Geophysikern Yosiharu Matuyama aus Japan und Bernard Brunhes aus Frankreich als Matuyama/Brunhes-Grenze bezeichnet. Findet man Spuren davon, zum Beispiel durch die Ausrichtung magnetischer Minerale in eiszeitlichen Ablagerungen, kann man so die Ablagerungen datieren.

Auffallenderweise konzentriert sich der explosive Vulkanismus im Neuwieder Becken besonders auf Warmzeiten wie das Cromer und Übergangszeiten.

In den wärmeren Abschnitten des Cromer behaupteten sich Eichenmischwälder mit Eiben und Erlen. Merklich spärlicher gab es Hasel und Hainbuche. Während der kühlen Phasen dehnten sich Nadelmischwälder aus, in denen Kiefern überwogen.

Heutige Flusspferde in Tansania. In warmen Zeitabschnitten des Eiszeitalters – wie im Cromer vor etwa 600.000 Jahren – lebten solche Tiere im Rhein. Fotos: Wolfgang Arndt, Zeithain

Birken waren zu Beginn und gegen Ende des Cromer häufig.
In Deutschland lebten im Cromer bei zeitweise warmem, mitunter aber auch kaltem Klima zwar keine Mastodonten (Rüsseltiere mit drei Backenzähnen in jeder Kieferhälfte) und Tapire mehr, jedoch weiterhin wärmeorientierte Elefanten (Südelefant *Archidiscodon meridionalis*, Waldelefant *Palaeoloxodon antiquus*), Nashörner (*Stephanorhinus etruscus*) und Flusspferde *(Hippopotamus antiquus)*. Neu waren in Deutschland die Steppenhirsche (*Praemegaceros verticornis*), deren breitschaufeliges Geweih dem von Damhirschen ähnelt, sowie der Mosbacher Bär *Ursus deningeri* als Vorfahre des oberpleistozänen Höhlenbären *Ursus spelaeus*.
Zu den bekanntesten Fundorten mit fossilen Faunen aus dem Cromer in Deutschland zählen die Mosbach-Sande von Mosbach im Stadtkreis von Wiesbaden, die aber auch ältere und jüngere Ablagerungen aus dem Eiszeitalter enthalten, die Mauerer Sande von Mauer bei Heidelberg und das Mittelmain-Cromer mit den Fundstellen Marktheidenfeld, Karlstadt, Erlabrunn, Würzburg-Schalksberg, Randersacker, Volkach und Goßmannsdorf, Voigtstedt im Harzvorland und Weimar-Süßenborn. Umstritten ist die Zuordnung der Faunenreste aus den Tonen von Jockgrimm in der Pfalz ins Cromer.
Im Cromer lebten die größten Löwen Deutschlands und Europas (Mosbacher Löwe), Europäische Jaguare, Säbelzahnkatzen, Leoparden, Geparden, Affen und der „Heidelberg-Mensch", von dem 1907 in Mauer bei Heidelberg ein Unterkiefer gefunden wurde.

Die Elster- und die Mindel-Eiszeit

Die Elster-Eiszeit (etwa 480.000 bis 330.000 Jahre) ist vor allem im Bereich des Saale-Nebenflusses Elster dokumentiert. In der Elster-Eiszeit drangen die skandinavischen Gletscher nach Süden bis in die Gegend von Dresden, Erfurt, Soest, Reckling-

Kälteharte Tiere aus der Elster-Eiszeit (etwa 480.000 bis 330.000 Jahre): Moschusochse (Praeovibos, oben) und Fellnashorn (Coelodonta antiquitatis, unten). Beide Bilder stammen von dem Tiermaler Heinrich Harder (1858–1935).

hausen und Kettwig vor. Die westliche Verbreitung ist bisher nicht bekannt. Erstmals wanderten kältegewohnte nordostsibirische Tierarten in die gegenwärtig gemäßigten Breiten von Mitteleuropa ein. Im Vorfeld des Eises lebten anfangs noch die altertümlichen warmzeitlich orientierten Waldelefanten (*Palaeoloxodon antiquus*) und Waldnashörner (*Dicerorhinus kirchbergensis*) mit den zugewanderten kälteharten Fellnashörnern (*Coelodonta antiquitatis*) zusammen. Doch allmählich verschwanden die wärmeliebenden Tiere des Cromer-Komplexes. Moschusochsen (*Praeovibos*) und Rentiere (*Rangifer*) drangen aus dem Osten bis ins Rheintal vor. Die Moschusochsen sind keine Rinder, sondern bis zu 1,40 Meter hohe und maximal 2,45 Meter lange Wildschafe. Heute leben sie nur noch auf Grönland und im polaren Nordamerika (Alaska)
In den Steppen weideten Steppenelefanten (*Mammuthus trogontherii*), die als Vorläufer der späteren Mammute (*Mammuthus primigenius*) gelten. Als das Klima milder wurde, schmolz das Eis. Die eiskalten Schmelzwässer füllten das Nordseebecken. In diesem Eissee konnte fast kein Leben existieren.
Die kältegewohnten Steppenelefanten, Fellnashörner, Moschusochsen und Rentiere zogen mit dem im Verlauf von Jahrtausenden weichenden Eis nach Nordosten zurück. In die frei werdenden Gebiete mit wärmerem Klima und entsprechender Vegetation rückten Tiere aus Südosteuropa nach, die während dieser Eiszeit in Mitteleuropa ihre Existenzgrundlage verloren hatten. Dieser sich an das Klima anpassende Wechsel der Fauna erklärt, weshalb man in Schichten zu Beginn einer Warm- oder Eiszeit jeweils Anteile kalt- und warmzeitlicher Tierarten zusammen vorfindet.

Mit der Elster-Eiszeit in Norddeutschland ist vermutlich die Mindel-Eiszeit in Süddeutschland gleichzusetzen. In der Mindel-Eiszeit erreichten etliche der aus den Alpen vorrückenden Gletscher ihre größte Ausdehnung. Der Rheingletscher, der

Illergletscher, der Wertachgletscher und der Inn-Chiemsee-Gletscher stießen weiter ins Alpenvorland vor als in den jüngeren Eiszeiten Riss und Würm. Mindel-eiszeitlicher Gletscherschutt reicht bis nach Biberach an der Riss, Ottobeuren, Mindelheim, Fürstenfeldbruck, Erding, Mühldorf am Inn und Burghausen an der Salzach.

Der Jenaer Geologe, Paläontologe und Prähistoriker Dietrich Mania und andere Experten sprechen statt von der Elster-Eiszeit vom Elster-Komplex. Dieser umfasst die Elster-I-Kaltzeit und die Elster-II-Kaltzeit.

Die Holstein-Warmzeit

In älterer Literatur folgte auf die Elster-Eiszeit die Holstein-Warmzeit (etwa 330.000 bis 300.000 Jahre). In dieser war das Klima so mild, dass wärmeliebende Weinreben gediehen und sich sogar Wasserbüffel (*Bubalus murrensis*) und Auerochsen (*Bos primigenius*) aus Asien bis nach Deutschland vorwagten. Eine typische Säugetierfauna aus der Holstein-Warmzeit fand man in den unteren Schotterschichten von Steinheim an der Murr in Baden-Württemberg, die nach dem Vorkommen des Waldelefanten *(Palaeoloxodon antiquus)* als Antiquus-Schotter bezeichnet werden. Diese Ablagerungen überlieferten Reste vom Löwen (*Panthera leo*), der Säbelzahnkatze (*Homotherium*), vom Steinheim-Pferd (*Equus steinheimensis*), Waldnashorn (*Dicerorhinus kirchbergensis*), Steppennashorn (*Dicerorhinus hemitoechus*), Wildschwein (*Sus scrofa*), Riesenhirsch (*Megaloceros giganteus*), Rothirsch (*Cervus elaphus*), Reh (*Capreolus capreolus*), Auerochsen (*Bos primigenius*), Waldbison (*Bison schoetensacki*) und dem erwähnten Wasserbüffel (*Bubalus murrensis*). In der Holstein-Warmzeit lebten die ersten Höhlenlöwen (*Panthera leo spelaea*) und vermutlich die letzten Affen in Deutschland. Im Heppenloch bei Guten-

80

berg auf der Schwäbischen Alb wurden in Ablagerungen der Holstein-Warmzeit neben Überresten von Höhlenbär, Braunbär, Höhlenlöwe, Wildpferd, Steppennashorn, Wildschwein, Rothirsch, Damhirsch und Reh auch Fossilien vom Affen gefunden. Der Heppenloch-Affe gehört wie der Magot der Atlasländer und Gibraltars zu den Makaken. Die Holstein-Warmzeit wurde in Schleswig-Holstein floristisch nachgewiesen. Den Namen hatte Albrecht Penck 1922 vorgeschlagen. Manche Autoren sprechen statt von der Holstein-Warmzeit auch von der Holstein-Zeit, weil es sich um mehrere Warmzeitphasen handelt.

Der Jenaer Geologe, Paläontologe und Prähistoriker Dietrich Mania spricht statt von der Holstein-Warmzeit vom Holstein-Komplex oder von der Holstein-Zeit. Dieser Komplex umfasst drei Warmzeiten und dazwischen zwei Kaltzeiten. In die erste Warmzeit vor etwa 450.000 Jahren gehört vermutlich Bilzingsleben I in Thüringen. Zur zweiten Warmzeit vor etwa 370.000 Jahren zählt Bilzingsleben Travertin II mit den berühmten Funden des Bilzingslebener Menschen und seinen Hinterlassenschaften. In die dritte Warmzeit vor etwa 300.000 Jahren fällt Steinheim an der Murr in Baden-Württemberg mit dem Steinheim-Menschen.

Die Saale- und die Riss-Eiszeit

In der Saale-Eiszeit (etwa 300.000 bis 127.000 Jahre) rückten die skandinavischen Gletscher weit nach Mitteleuropa vor. Der größte Eisvorstoß in der Anfangszeit der Saale-Eiszeit wird als Drenthe-Stadium bezeichnet. Damals reichten die nordischen Gletscher bis in die nordostniederländische Landschaft Drenthe. Der maximale Vorstoß lässt sich durch Endmoränen in Nordrhein-Westfalen etwa in Höhe des Haarstrangs südlich von Dortmund und im Ruhrtal nachweisen. Ein Ausläufer erstreckte sich fast bis Düsseldorf, überquerte den Rhein und erreichte beinahe Krefeld und Geldern. Der Eisrand verlief über Kleve in die Niederlande.

Der Rückzug des Eises nach Nordosten wurde durch längere Haltephasen unterbrochen. Endmoränen bei Rehburg in der Nähe von Hannover dokumentieren das Rehburger Stadium. Ein erneuter Eisvorstoß gegen Ende der Saale-Eiszeit wird als Warthe-Stadium bezeichnet. Im Warthe-Stadium lag der Eisrand nahe der Warthe, des rechten Nebenfluses der Oder.

Durch Gletscherschmelzwässer entstand im Warthe-Stadium das Breslau-Bremer Urstromtal. Es erstreckte sich von der Schwarzen Elster über die Elbe, Ohre, Drömling, Aller bis zur Weser. Im Urstromtal flossen von dem Schmelzwasser der Gletscher und dem Eis der Mittelgebirge gespeiste Flüsse zum Meer.

Die saale-eiszeitlichen Gletscher transportierten auf ihrem Weg von Norden nach Süden bis zu hausgroße Gesteinsblöcke, die in den Ursprungsgebirgen auf die Gletscher gestürzt waren oder die aus dem Untergrund gelöst wurden. Während des Transports wurden sie dann abgeschliffen und zum Teil zerkleinert. Beim Abschmelzen des Eises blieben die großen Brocken als Findlinge, die kleinen als Geschiebe zurück. Zusammen mit Sand- und Tonanteil bildeten sie Geschiebemergel oder -lehm. Der größte Findling Norddeutschlands liegt bei Rahden im Kreis Minden-Lübbecke. Dieser aus Südschweden stammende Granit mit den Maßen 10 x 7 x 3 Meter hat ein geschätztes Gewicht von etwa 350 Tonnen. Ein ähnlicher Koloss ist der 7,5 x 4,50 x 3,60 Meter große Giebichenstein bein Nienburg (Weser).

In der Saale-Eiszeit entstanden durch Abnahme der Temperaturen und Verkürzung der Vegetationsperiode in Deutschland Tundren und Steppen, in denen neben Fellnashörnern erstmals auch Mammute (*Mammuthus primigenius*) erschienen. Diese Großsäuger wurden von eiszeitlichen Jägern (frühe Neandertaler) zur Strecke gebracht. In Thüringen lebten in der älteren Saale-Eiszeit Steinböcke der Art *Capra camburgensis*. 1971 konnte in einer Kiesgrube bei Mönchengladbach das Schädelfragment eines Steinbocks der Gattung *Capra* aus der jüngeren Saale-Eiszeit geborgen werden.

Das zeitliche Gegenstück der norddeutschen Saale-Eiszeit dürfte die süddeutsche Riss-Eiszeit sein, deren Gletscherschutt besonders im Gebiet der Flüsse Riss, Isar und Salzach erforscht wurde. In der Riss-Eiszeit überquerte der Rheingletscher bei Sigmaringen die Donau und staute den Fluss zu einem großen See auf. Ablagerungen dieses Sees fand man beispielsweise in der Burghöhle von Dietfurt. Der Lechgletscher rückte bis auf etwa 20 Kilometer Entfernung an Augsburg heran. Der Loisachgletscher hinterließ zwischen Landsberg und Merching Spuren seiner Verbreitung. Der Isargletscher war weniger als 20 Kilometer von München entfernt. Der Inn-Chiemsee-Gletscher lagerte im Raum Markt Schwaben, Erding, Isen, Bierwang und Trostberg riss-eiszeitlichen Schutt ab. Nördlich der Gletscher breitete sich in Süddeutschland eine baumlose Tundra aus.
In die Anfangszeit der Riss-Eiszeit dürften die Tierreste aus dem oberen Teil der Schotter von Steinheim an der Murr in Württemberg zu datieren sein. Sie werden als Trogontherii-primigenius-Schotter bezeichnet, weil diese Ablagerungen Fossilien des Steppenelefanten *Mammuthus trogontherii* und des Mammuts *Mammuthus primigenius* enthalten. Außer diesen Rüsseltieren sind nachgewiesen: Höhlenbär, Löwe, Steinheim-Pferd, Fellnashorn, Riesenhirsch, Rothirsch und Steppenbison. Knochenreste von Menschen aus der Riss-Eiszeit hat man bisher in Süddeutschland nicht gefunden. Aber man kennt sie aus dem westlichen Nachbarland Frankreich.

Der Jenaer Geologe, Paläontologe und Prähistoriker Dietrich Mania spricht statt von der Saale-Eiszeit vom Saale-Komplex oder der Saale-Zeit. Dieser Komplex umfasst drei Kaltzeiten und dazwischen zwei Warmzeiten.

Die Eem-Warmzeit

Das Oberpleistozän (etwa 127.000 bis 11.700 Jahre) beginnt mit der Eem-Warmzeit (etwa 127.000 bis 115.000 Jahre). Marine Ablagerungen aus dem Eem wurden 1874 erstmals von dem niederländischen Mediziner und Botaniker Pieter Harting (1812–1885) aus Utrecht beschrieben. Das Eem ist die jüngste Warmzeit des Eiszeitalters.

In der frühen Eem-Warmzeit überflutete das Meer das Nordseebecken und das Ostseebecken bis nach Ostpreußen. Diese Meeresstraße trennte Skandinavien von Europa. Die marine Tierwelt des Eem enthielt etliche südwesteuropäische Schneckenarten, die eine höhere Wassertemperatur als die heute bei uns lebenden benötigen. Offenbar sind diese Mollusken durch den Ärmelkanal eingedrungen.

Die Pflanzenreste in den eemzeitlichen Ablagerungen von Stuttgart-Bad Cannstatt, Weimar-Ehringsdorf und Zeifen am Waginger See in Oberbayern sprechen für ein mildes Klima. Zum Fundgut zählen Stein- und Traubeneiche, Sommer- und Winterlinde, Efeu, Lebensbaum, südeuropäische Schwarzkiefer, Buchs, Stechpalme und thüringischer Flieder.

In der Eem-Warmzeit wanderten erneut wärmeorientierte Tiere nach Deutschland ein, während sich die kälteangepassten zurückzogen. Die Tierwelt im Eem glich jener der Holstein-Warmzeit. In den Wäldern des Oberrheingebietes etwa lebten Höhlenlöwen, Waldelefanten, Waldnashörner, Wildschweine und Damhirsche. Im Eem waren Flusspferde (*Hippopotamus antiquus*) bis nach England verbreitet. Diesen Tieren dienten die großen Ströme als Wanderwege. Der Rhein war damals viel mehr in Einzelarme verzweigt und wies zahlreiche Altwässer auf. In den Kiesgruben der Oberrheinebene befinden sich Flusspferdknochen zusammen mit Stämmen von dicken Eichen in umgelagerten Sedimenten der Eem-Warmzeit. Auch die Eem-Warmzeit wurde von kühlen Abschnitten unterbrochen, in denen Mammute, Fellnashörner und Rentiere zur Tierwelt gehör-

ten. Gegen Ende des Eem weideten im Raum Bottrop die in
großen Herden lebenden Saiga-Antilopen (*Saiga tatarica*), die
als Bewohner kaltzeitlicher Steppen gelten. Aus der Eem-Warmzeit kennt man nur wenige Knochenreste von Menschen, die
meist unsicher datiert sind.

Die Weichsel- und die Würm-Eiszeit

Die Weichsel-Eiszeit (etwa 115.000 bis 11.700 Jahre) ist die
letzte Eiszeit des Pleistozäns in Norddeutschland. Die vereiste
Fläche war in dieser Zeitspanne erheblich geringer als in den
vorhergehenden Eiszeiten Saale und Elster. Der Ostseegletscher
breitete sich nur noch teilweise über das Gebiet östlich der Elbe
aus. Der Verlauf der Endmoränen ist ein Zeugnis des Maximal-
vorstoßes des Eises. Die Endmoränen reichen von Flensburg
über Kiel bis wenig östlich von Hamburg. Von dort verlaufen
sie in west-östlicher Richtung, bis der Endmoränenzug scharf
auf die Stadt Brandenburg zu abknickt. Dann erstecken sich
die Endmoränen erneut in West-Ost-Richtung bis an die Weich-
sel.
Während der Weichsel-Eiszeit lag das Nordseebecken infolge
der weltweiten Absenkung des Meeresspiegels etwa bis zur
Sandbank Doggerbank trocken, die heute rund 200 Kilometer
von der Küste entfernt ist. Auf dem später vom Meer überflute-
ten Land gab es Moore und Wälder. Dieses „Nordseeland" war
Jagdgebiet von Höhlenlöwen und unseren damaligen Vorfahren.
Im Gebiet des heutigen Ärmelkanals strömte in der Weichsel-
Eiszeit der Kanal-Urstrom nach Westen zum Atlantik. Der
Rhein, die Maas und die Themse mündeten östlich von Süd-
england ins Meer. Die Elbe erreichte etwa bei der Doggerbank
die Nordsee.
Die Weichsel-Eiszeit wird in ein Früh-, Hoch- und Spätglazial
unterteilt. Diese Gliederung geht auf Paul Woldstedt (1888–

„Klassische Neandertaler" (Homo sapiens neanderthalensis oder Homo neanderthalensis) bei der gefährlichen Jagd auf den Höhlenbären (Ursus spelaeus)

1973), einen Nestor der deutschen Quartärforschung, und Klaus Duphorn von der Bundesanstalt für Bodenforschung in Hannover zurück. Das Frühglazial währte von etwa 115.000 bis 24.000 Jahren, das Hochglazial von etwa 24.000 bis 14.500 Jahren und das Spätglazial von etwa 14.500 bis 11.700 Jahren. Einige Autoren kommen jedoch zu anderen Ergebnissen. Im Frühglazial gab es etliche warme Abschnitte (Interstadiale), die vor allem in den Niederlanden, Schleswig-Holstein und Dänemark belegt sind.

Zur Tierwelt des Frühglazials in Deutschland gehörten Biber, Wölfe, Höhlenbären, Braunbären, Höhlenhyänen, Höhlenlöwen, Mammute, Fellnashörner, Riesenhirsche, Elche, Moschusochsen und Bisonten. Von all diesen Tieren wurden bei verschiedenen Bauarbeiten im Emschertal bei Bottrop insgesamt mehr als 7.000 Überreste geborgen. Ein Teil dieser Funde stammt allerdings noch aus der ausgehenden Eem-Warmzeit.

Ein Zeitgenosse der Mammute, Fellnashörner, Gemsen, Leoparden und anderer Tiere des Frühglazials war der späte oder „klassische Neandertaler" (*Homo sapiens neanderthalensis* oder *Homo neanderthalensis*), dessen Überreste 1856 im Neandertal bei Düsseldorf-Mettmann gefunden wurden.

Das Hochglazial der Weichsel-Eiszeit begann mit dem Brandenburger Stadium vor etwa 24.000 Jahren. Damals stießen die weichsel-eiszeitlichen Gletscher am weitesten vor. Dies dokumentieren zahlreiche Moränen in der Provinz Brandenburg zwischen Elbe und Warthe. Im Brandenburger Stadium entstand das Glogau-Baruther Urstromtal. In das Hochglazial fällt auch das Frankfurter Stadium, in dem das Eis nur noch die Oder bei Frankfurt/Oder kreuzte. Damals wurde das Warschau-Berliner Urstromtal angelegt. Mit dem Pommerschen Stadium, dem Endmoränenzug bei Stettin, endete das Hochglazial. Das Thorn-Eberswalder Urstromtal ist ein Zeugnis aus etwas jüngerer Zeit. Im Spätglazial der Weichsel-Eiszeit ab etwa 14.500 Jahren zogen sich die norddeutschen Gletscher immer mehr zurück. Beim

Gegen Ende des Eiszeitalters starb das Mammut (Mammuthus primigenius) aus. Rekonstruktion des österreichischen Paläontologen Othenio Abel (1875–1946) von 1912.

etappenweisen Rückschmelzen gab es neben Haltephasen vereinzelt auch kurzfristige Vorstöße.

Die kalte Zeit vor etwa 13.800 bis 13.600 Jahren vor heute wird Älteste Dryas oder Älteste Tundrenzeit genannt. Typische Pflanzen der damaligen Zwergstrauchtundren waren die Silberwurz *(Dryas octopetala),* nur 30 Zentimeter hohe Zwergbirken, Zwergweiden, Heidekraut und Alpenazaleen.

Wildpferde und Rentiere traten im Spätglazial in Deutschland in großen Herden auf. Sie waren das bevorzugte Wild der damaligen Jäger.

Im Bölling-Interstadial vor etwa 13.600 bis 13.500 Jahren war es so warm, dass die Gletscher weit zurückwichen. Nun konnten sich Wacholder, Sanddorn und Zwergbirken ausbreiten. Später kamen sogar hohe Birken dazu. Der darauffolgende kurze Klimarückschlag vor etwa 13.500 bis 13.300 Jahren wird Ältere Dryas oder Ältere Tundrenzeit genannt. Ihr schloss sich das Alleröd-Interstadial vor etwa 13.300 bis 12.700 Jahren an, die lichte Birkenwälder und später geschlossene Kiefernwälder hervorbrachte. Im Alleröd verschwanden in Deutschland die Huftierherden. Nun gab es vor allem Hirsche und Elche.

Noch einmal kam es zu einem Kälterückschlag von etwa 12.700 bis 11.700 Jahren vor heute, der als Jüngere Tundrenzeit oder Jüngere Dryas bezeichnet wird. Als es gegen Ende des Spätglazials wärmer wurde, erloschen in Deutschland die Bestände der Höhlenhyänen. Diese Tiere konnten sich nur in Afrika behaupten. Auch die Höhlenlöwen, Mammute, Fellnashörner und Steppenwisente mit Hornzapfen bis zu 1,20 Meter verschwanden.

Im Spätglazial lebten schätzungsweise nicht mehr als 2000 Menschen in Deutschland. Die damalige Erdbevölkerung dürfte die Kopfzahl von 1,5 Millionen Menschen wohl kaum überschritten haben.

In Süddeutschland ist die Würm-Eiszeit die letzte Eiszeit des Pleistozäns. Auch sie wird in Früh-, Hoch- und Spätglazial gegliedert. Überreste bis zu 30 Zentimeter dicker Fichtenstämme aus Rheinschottern zwischen Heidelberg und Mannheim geben Hinweise darauf, dass im Frühglazial zeitweise das Klima so gemäßigt war, dass Nadelwälder entstehen konnten. Aus dieser Zeit stammen die Schieferkohlen des Alpenvorlandes, die viele Fichten- und Kiefernzapfen enthalten. Andererseits gab es im Frühglazial auch ausgeprägte Kaltzeiten.

Ein gemäßigt warmes Klima mit deutlicher Tendenz zur Abkühlung herrschte beispielsweise zu Lebzeiten jener Tierwelt, deren Reste in der Zoolithenhöhle von Burggaillenreuth bei Muggendorf (Oberfranken) ausgegraben wurden. Zu dieser Fauna aus dem Frühglazial des Würm gehörten neben dem häufig vertretenen Höhlenbären auch Vielfraß, Luchs, Höhlenlöwe und angeblich Schnee-Leopard.

Im letzten Viertel der Würm-Eiszeit traten in Deutschland die ersten modernen Menschen der Unterart *Homo sapiens sapiens* auf, die heute allein weltweit verbreitet ist. Der eiszeitliche Mensch unterschied sich körperlich nicht mehr von uns. Er brachte im Jungpaläolithikum vor etwa 35.000 bis 10.000 Jahren eine grandiose Jägerkultur hervor, erlegte Mammute, Wildpferde und Rentiere und hinterließ in Höhlen formvollendete aus Mammutelfenbein geschnitzte Tier- und Menschenfiguren. Die in den baden-württembergischen Höhlen Vogelherd, Hohlenstein-Stadel und Geißenklösterle entdeckten Figuren aus der Zeit vor etwa 32.000 Jahren gehören zu den ältesten und schönsten Kunstwerken der Menschheitsgeschichte.

Im Hochglazial vor etwa 24.000 bis 14.500 Jahren näherten sich die alpinen und nordischen Gletscher bis auf etwa 600 Kilometer Distanz. Nordöstlich von Süddeutschland lagen die Binneneisfelder Sachsens. Im Süden war das Alpenvorland mit Ausnahme weniger eisfreier Gebiete vom Bodensee bis nach Salzburg mit Gletschereis bedeckt. Einige Gletscher bestanden in den Alpentälern aus bis zu 1500 Meter mächtigem Eis. Die Eismächtigkeit nahm im Vorland rasch auf 800 bis 500 Meter ab. Die Alpengletscher stießen im Würm bis Bad Schussenried in Oberschwaben, Kaufbeuren, Fürstenfeldbruck, Starnberg, Seeshaupt, über Wasserburg hinaus sowie fast bis nach Burghausen an der Salzach vor.

Im Schwarzwald waren im Hochglazial Blauen, Belchen, Schauinsland, Feldberg, Kandel und Ruhrhardsberg vereist. Von diesen Bergen gingen bis zu 20 Kilometer reichende Gletschervorstöße aus. Der Titisee im Schwarzwald ist ein Gletschersee aus dieser Zeit.

Die Schneefallgrenze in Süddeutschland lag im Würm etwa bei 1200 bis 1500 Metern. Das ist etwa 1500 Meter tiefer, als es jetzt der Fall ist. Die Waldgrenze – also die Höhe, bis zu der sich Wald behaupten kann – lag unter dem Meeresspiegel. Heute reicht sie bis in etwa 1600 Meter Höhe, in Föhngebieten sogar bis 1800 Meter Höhe.

Der Boden war in allen vier Jahreszeiten mehrere Meter tief gefroren. Im Sommer taute er nur oberflächlich auf. Über der „Ewigen Gefrornis" – auch Permafrost genannt – behauptete sich eine klimatisch anspruchslose Tundrenvegetation. In einigen Gebieten Sibiriens und Alaskas reicht der Permafrost heute noch bis in mehr als 500 Meter Tiefe. Ehemaliger Dauerfrostboden lässt sich durch so genannte Eiskeile nachweisen. Das sind nach unten spitz zulaufende, keilförmige Spalten, die jetzt nicht mehr mit Eis, sondern mit Löss und Lehm gefüllt sind.

In dem eisfreien Korridor zwischen Sachsen und dem Alpenvorland wuchsen keine Bäume, sondern nur niedrige Sträucher. Auf den Grasfluren gediehen lediglich Gräser, Wegeriche, Sonnenröschen und in den kältesten Abschnitten auch Gänsefuß, Hahnenfuß und Kreuzblütler. In dieser Flora weideten die kältegewohnten Mammute und Fellnashörner.

Der Zerfall des Eises im Alpenvorland setzte bereits im ausgehenden Hochglazial ein. Er beschleunigte sich zu Beginn des Spätglazials, das – wie erwähnt – etwa von 14.500 bis 11.700 Jahren währte. Bei ihrem Rückzug im Spätglazial hinterließen die Alpengletscher tiefe Bewegungsbahnen und Zungenbecken.

Als sich diese Vertiefungen mit Wasser füllten, entstanden der Bodensee, Ammersee, Starnberger See, Kochelsee, Tegernsee und Tachinger See. Bei Rosenheim existierte ein riesiger See, der in mehreren Phasen auslief, als der Rand bei Wasserburg durch allmähliche Eintiefung an der Überlaufstelle durchbrochen wurde.

Ein eindrucksvolles geologisches Zeugnis des Rückzuges von Ammer-, Isar- und Inngletscher sind die riesigen Kiesvorkommen der so genannten Schiefen Ebene von München. Sie erstecken sich im Süden in einer Breite von etwa 60 Kilometern auf der Linie Weyarn–Gauting–Fürstenfeldbruck und reichen im Norden bis zum rund 60 Kilometer entfernten Moosburg. Im Süden sind die Kiesschichten bis zu 100 Meter mächtig, im Norden weniger als 10 Meter. Die Verbreitung dieser Kiese entspricht einem gleichschenkeligen Dreieck, dessen Spitze bei Moosburg liegt. Vom Inngletscher stammen die Findlinge im Gletschergarten von Haag bei Ebersberg. Es handelt sich um Gesteine vom etwa 200 Kilometer entfernten Zentralalpenkamm.

Fossilreste aus den Schottern der Niederterrasse bei Köln verweisen darauf, dass vor etwa 15.000 Jahren langsam schwimmende Glattwale im Rhein bis in die Niederrheinische Bucht vordrangen. Das Vorkommen der wegen ihrer dicken Speckschicht an die Polarmeere gebundenen Glattwale am Rhein lässt auf Temperaturverhältnisse in diesem Fluss schließen, die denen heutiger arktischer Gewässer glichen. Andernfalls wären die Glattwale mit einer 30 oder mehr Zentimeter dicken isolierenden Schicht an einer Überhöhung der Körpertemperatur durch Überforderung des körpereigenen Reglerkreises zugrunde gegangen.

Wie die Steppenflora vor etwa 13.000 Jahren in der Alleröd-Zeit ausgesehen haben kann, zeigt heute noch sehr eindrucksvoll das Naturschutzgebiet Mainzer Sand zwischen den Mainzer Stadtteilen Mombach und Gonsenheim. Auf dem welligen Dünengelände mit würm-eiszeitlichen Flugsanden kann man im Frühling die dunkelviolette blühende Gemeine Küchenschelle (*Pulsatilla vulgaris*), und die sehr selten gewordene Violette Schwarzwurzel (*Scorzonera purpurea*) mit ihren hellvioletten Schaublüten beobachten. Als besondere Rarität und Charakterpflanze des Mainzer Sandes gilt die Sand-Lotwurz (*Onosoma arenarium*), die sonst nirgendwo in Deutschland mehr wächst. Die Flora des Mainzer Sandes beherbergt Pflanzen der russischen Tundra (sarmantisches Gebiet), der Steppen Russlands und Ungarns (pontisch-pannonisches Gebiet). Zwischen Eberstadt und Bickenbach bei Darmstadt blieb in bescheidenerem Maße eine ähnliche, aber an Steppenpflanzen weitaus ärmere Pflanzenwelt erhalten.

Im Alleröd explodierte der Laacher-See-Vulkan in der Osteifel. Dabei wurde das Neuwieder Becken unter einer mehrere Meter mächtigen Bimsschicht begraben. In den verschütteten Wäldern des Neuwieder Beckens hatten vor allem Birken gestanden. Der verheerende Vulkanausbruch wirkte sich noch bis in die Schweiz nachteilig auf das Wachstum der Pflanzen aus. So gibt das Baumwachstum von Dättnau bei Winterthur Hinweise darauf, dass diese Naturkatastrophe vor rund 12.900 Jahren stattfand. Damals wurden feinste Bimskörnchen und vulkanische Aschen bis ins Allgäu, zum Bodensee, nach Halle/Saale in Sachsen-Anhalt und nach Polen verweht.

Als letztes eiszeitliches Produkt Bayerns gilt die „Altstadtstufe" in München. Die Aufschüttung der Schotterterrasse zwischen München und Freising fällt in die Jüngere Tundrenzeit.

Männlicher Löwe (Panthera leo) in Namibia. Dieses Foto von Kevin Pluck aus London wurde im Online-Lexikon „Wikipedia" in die Liste der exzellenten Bilder aufgenommen.

Löwen der Gegenwart

Heute lebt der Löwe (*Panthera leo*), altertümlich auch Leu genannt, nur noch in Afrika und Asien (Indien). Er gilt nach dem Tiger (*Panthera tigris*) als zweitgrößte Katze und größtes Landraubtier in Afrika. Die größten Löwen gibt es in Afrika, die kleinsten in Asien.

In der wissenschaftlichen Systematik gehört der gegenwärtige Löwe zur Ordnung der Raubtiere (Carnivora), Überfamilie der Katzenartigen (Feloidea), Familie der Katzen (Felidae), Unterfamilie der Großkatzen (Pantherinae), Gattung Panthera und Art Löwe.

Der wissenschaftliche Name *Panthera leo* geht auf den schwedischen Naturforscher Carl von Linné (1707–1778), auch Linnaeus genannt, zurück. Dieser hat die „binäre Nomenklatur" eingeführt, die jeder Pflanzenart und Tierart einen lateinischen Doppelnamen, bestehend aus Gattungsnamen (groß geschrieben) und Artnamen (klein geschrieben) gibt. Die Abkürzung „L." besagt jeweils, unter diesem Namen zuerst von Linnaeus beschrieben.

Die Größenangaben über heutige Löwen in der Literatur sind sehr unterschiedlich. Laut der Publikation „Der Löwenmensch" von Brigitte Reinhardt und Kurt Wehrberger zum Beispiel hat ein heutiger Löwe eine Kopfrumpflänge zwischen etwa 1,40 und 1,90 Meter (dazu kommt noch der Schwanz) und ein Gewicht bis zu 190 Kilogramm.

In Zoos und in Zirkussen gehaltene Löwen mit guter Fütterung und wenig Bewegung erreichen gelegentlich ein Gewicht von mehr als 300 Kilogramm. Löwen haben im Schnitt eine größere Schulterhöhe als Tiger, sind aber etwas kürzer.

Schädel heutiger Löwen sind etwa 30 bis 35 Zentimeter lang. Ihr Gebiss besteht aus fast 30 Zähnen, wobei die Eckzähne im

Ober- und Unterkiefer stark verlängert sind. Eckzähne (Fang-
zähne) heutiger Löwen ragen rund sechs Zentimeter aus dem
Kieferknochen.

Das kurze Fell heutiger Löwen kann sandfarben oder gelblich
bis dunkelocker gefärbt sein. Unterseite und Beininnenseiten
sind immer heller. Jetzige Löwenmännchen tragen im Gegensatz zu Löwenweibchen eine lange Mähne. Man kennt Löwen-
mähnen in dunkelbrauner, schwarzer, hellbrauner oder rotbrau-
ner Farbe. Seltenheiten sind Löwen mit weißem Fell, deren
Farbe über ein rezessives Gen vererbt wird.

Der Schwanz der Löwen endet mit einer schwarzen Quaste.
Darin befindet sich ein zurückgebildeter Wirbel (Hornstachel).
Der Löwe hatte – laut „Wikipedia“ – einst das größte Verbreitungsgebiet aller Landsäugetiere. Dieses reichte von Peru über
Alaska, Sibirien und Mitteleuropa bis nach Indien und Südafrika. Einen erheblichen Teil dieses riesigen Verbreitungsgebie-
tes verlor der Löwe aber bereits gegen Ende des Eiszeitalters
vor etwa 11.700 Jahren.

Zum geschichtlichen Verbreitungsgebiet des Löwen gehörten
große Teile Afrikas, das südliche Europa sowie Vorderasien und
Indien. Zahlreiche Gelehrte – wie Herodot oder Aristoteles –
berichteten, dass in der Antike noch Löwen auf dem Balkan
lebten. Der Löwe ist vermutlich durch menschliches Zutun im
1. Jahrhundert n. Chr. ausgestorben.

In der Gegenwart ist der Löwe hauptsächlich in Afrika südlich
der Sahara heimisch. Nördlich der Sahara starb diese Großkatze in den 1940-er Jahren aus. Die Bestände des Löwen in Asien
wurden während des 20. Jahrhunderts fast vollständig ausge-
löscht. Nur im Gir-Nationalpark in Gujarat (Indien) konnte sich
ein Löwenrestbestand des Indischen Löwen (*Panthera leo
goojratensis*) behaupten.

Der Löwe lebt vor allem in Steppen und Savannen, kommt aber
auch in Trockenwäldern und Halbwüsten vor. In dichten, feuch-
ten Urwäldern oder wasserlosen Wüsten findet man ihn in Wirk-
lichkeit nie, sondern nur in schlechten Filmen. Der oft zu le-

sende oder zu hörende Begriff „Wüstenkönig" für den Löwen ist also unzutreffend.

Die Zahl der heute noch in freier Wildbahn lebenden Löwen wird auf etwa 16.000 bis 30.000 Tiere geschätzt. 2004 berichtete die „International Union for Conservation of Nature and Natural Resources" (IUCN, deutsch: Internationale Naturschutzunion), dass die Löwenbestände weltweit in den letzten 20 Jahren um schätzungsweise 30 bis 50 Prozent zurückgegangen sind.

Im Gegensatz zu anderen Großkatzen leben heutige Löwen im Rudel. Ein Löwenrudel umfasst vier bis zwölf untereinander verwandte Weibchen (Mütter, Töchter, Schwestern, Kusinen, Tanten, Nichten) und ein bis sechs ausgewachsene Männchen. Die Größe eines Löwenrudels hängt stark vom lokalen Beutetierangebot ab und die Größe des Reviers wiederum von der Rudelgröße und dem Beutetierangebot.

Junge Löwenmännchen werden nach spätestens drei Jahren, wenn sie geschlechtsreif sind und ihre Mähne zu sprießen beginnt, von den erwachsenen Männchen aus dem Rudel vertrieben. Vielfach entfernen sie sich zusammen mit Brüdern und Vettern und bilden eine Bande. Mitunter lösen sie sich aber auch einzeln vom Rudel und schließen sich mit anderen nomadisierenden Männchen zusammen. Sobald sie etwa fünf Jahre alt sind, greifen Junggesellen männliche Tiere fremder Rudel an. Wenn eine Bande junger Löwen ein Rudel erobern will, muss sie alte Revierbesitzer vertreiben oder im Kampf besiegen. Derartige Rangordnungskämpfe enden meist blutig und nicht selten tödlich für einen der Beteiligten. Neue Rudelführer töten oft die Jungen ihrer Vorgänger.

Meistens werden die führenden älteren Männchen eines Rudels alle zwei oder drei Jahre von jüngeren und stärkeren Artgenossen abgelöst. Die Weibchen dagegen bleiben meistens ihr ganzes Leben lang in dem Rudel, in dem sie geboren wurden. Fremde Löwinnen, die in das Revier eines Rudels eindringen, werden daraus vertrieben oder sogar getötet.

Löwin im Etosha Nationalpark in Namibia, fotografiert von Lothar Henke aus Pirna. Löwenweibchen bleiben meistens ihr ganzes Leben lang in dem Rudel, in dem sie geboren wurden.

Auch der Anführer eines Löwenrudels kann sich mit einem Weibchen aus seinem „Harem" nur mit dessen Zustimmung paaren. Zur Paarung bereite Weibchen legen sich auf den Bauch und erlauben dem Männchen, es zu besteigen. Während des Geschlechtsaktes beißt das Männchen das Weibchen in den Nacken, wodurch dieses instinktiv stillhält. Falls eine Löwin die Kopulation zulässt, findet diese etwa alle 15 Minuten bis zu insgesamt etwa 40mal am Tag statt, wobei ein Kopulationsakt etwa 30 Sekunden dauert. Nach etwa fünf Tagen ist die Paarungsbereitschaft des Weibchens vorbei.

Nach viermonatiger Tragzeit bringt eine schwangere Löwin – abseits vom Rudel versteckt – ein bis vier blinde Junge zur Welt. Die Neugeborenen wiegen jeweils etwa 1,5 Kilogramm und sind von der Kopf- bis zur Schwanzspitze rund 50 Zentimeter lang. Etwa sechs bis acht Wochen wird der Nachwuchs von der Mutter gesäugt. Während dieser Zeit bleiben die Jungen im Versteck.

Wenn das Versteck der kleinen Löwen weit vom Rudel entfernt liegt, geht die Mutter allein auf die Jagd. Die Abwesenheit der Mutter kann bis zu zwei Tage dauern. Dies ist wegen Hyänen und anderer Raubtiere für den Löwennachwuchs nicht ungefährlich.

Nach maximal zwei Monaten führt die Löwenmutter ihre Jungen zum Rudel, wo sie fast immer akzeptiert werden. Der Nachwuchs saugt von da ab nicht nur bei der Mutter, sondern auch bei anderen Weibchen. Die Erziehung erfolgt also durch alle Löwinnen eines Rudels. Im Alter von etwa einem halben Jahr werden Löwenjunge entwöhnt und bleiben dann noch ungefähr zwei Jahre bei ihrer Mutter.

Löwen jagen in Gebieten mit wenig Deckungsmöglichkeiten häufig in dunkler Nacht, in Gegenden mit üppigem Pflanzenbewuchs oft auch am helllichten Tag.

Zu ihren Beutetieren zählen vor allem Antilopen, Gazellen, Gnus, Büffel und Zebras. Sie verschmähen aber auch Hasen, Vögel oder Fische nicht, wenn sie derer habhaft werden kön-

Junglöwen im Etosha Nationalpark in Namibia warten auf die Heimkehr ihrer Mütter von der Jagd. Ein Foto von Kevin Pluck aus London

nen. Ein hungriger Löwe kann bis zu 18 Kilogramm Fleisch auf einmal verschlingen.

In manchen Fällen machten Löwen in Afrika gezielt Jagd auf Menschen. Das war 1898 der Fall, als zwei Löwen im damaligen Britisch-Ostafrika, dem heutigen Kenia, viele indische und afrikanische Arbeiter, die beim Bau einer Eisenbahnbrücke über den Tsavo-Fluss eingesetzt waren, töteten. Die Zahl der Todesopfer schwankt zwischen 14 und 135. Als die beiden Löwen sogar in Camps eindrangen, die mit hohen Dornenwällen geschützt waren und dort Menschen töteten und fraßen, kamen die Bauarbeiten zum Erliegen. Es dauerte neun Monate, bis die zwei menschenfressenden Löwen aufgespürt und erlegt werden konnten. Diese dramatischen Ereignissen führten zu zwei reißerischen Hollywood-Filmen: „Bwana, der Teufel" (1952) und „Der Geist und die Dunkelheit" (1996).

Junglöwen begleiten im Alter von etwa drei Monaten erstmals ihre Mutter bei der Jagd. Sie beherrschen die Jagdkunst erst im Alter von zwei Jahren.

Weil Löwen keine ausdauernden Läufer sind und ihre Höchstgeschwindigkeit bis zu etwa 60 Stundenkilometer nicht lange durchhalten können, pirschen sie sich bis auf wenige Meter an Beutetiere heran. Das Heranschleichen in geduckter Haltung erfolgt oft über mehrere hundert Meter, wobei mit zunehmender Nähe immer mehr auf die Deckung geachtet wird. Sobald die Distanz nur noch etwa 30 Meter beträgt, springt der Löwe die Beute mit mehreren kraftvollen Sätzen an. Jeder Sprung bringt den Löwen etwa sechs Meter weiter. Das Beutetier wird mit den Pranken gepackt und umgeworfen. Kleinere Tiere werden mit einem Biss in den Nacken getötet, größere durch einen Biss in die Kehle oder in die Schnauze erstickt.

Löwinnen jagen oft gemeinsam und treiben sich dabei gegenseitig Beutetiere zu. Nur etwa jeder vierte oder fünfte Jagdversuch endet erfolgreich. Gemeinsame Jagd hat für Löwen den Vorteil, dass die Beute leichter gegen andere Raubtiere – wie Wildhunde oder Hyänen – verteidigt werden kann.

Männchen eines Rudels beteiligen sich nur sehr selten an der Jagd. Dies geschieht zum Beispiel dann, wenn sehr große und starke Beutetiere – wie etwa Büffel – angegriffen werden. Wenn es ans Fressen der Beutetiere geht, darf der Anführer als Erster zubeißen, dann folgen die ranghöchsten Weibchen und zuletzt die Jungen. Am Kadaver eines erlegten Beutetieres gibt es nicht selten Rangordnungskämpfe, bei denen sich schwächere Mitglieder des Rudels blutige Wunden holen.

Ältere Löwenmännchen, die aus einem Rudel vertrieben worden sind und denen das Jagen schwer fällt, fressen notgedrungen auch Aas. Dabei gehen sie oft sehr rabiat vor, indem sie andere Raubtiere – wie Leoparden oder Geparden – von ihrer Beute vertreiben. Häufig machen Löwen auch Tüpfelhyänen ihre Beute abspenstig und nicht umgekehrt, wie man früher glaubte.

Löwen sind nicht so reinlich wie Hauskatzen. Sie reinigen nur den Nasenrücken. Gegenseitige Fellpflege kommt nur bei groben Verschmutzungen – etwa durch Blut der Beutetiere – vor.

Das laute und charakteristische Brüllen des Löwen und anderer zur Gattung *Panthera* gehörender Großkatzen wird – wie neuere Untersuchungen belegen – vor allem durch eine spezielle Morphologie des Kehlkopfes ermöglicht. Das knurrende oder brummende Schnurren erfolgt nur beim Ausatmen.

Ein Löwe kann bis zu 20 Jahre alt werden. Ein solches Alter erreichen aber meistens nur Weibchen, weil Männchen lange vorher von einem jüngeren Konkurrenten vertrieben oder getötet werden. Vertriebene Anführer finden oft kein Rudel mehr und verhungern. Im Zoo haben Löwen schon ein Alter bis zu 34 Jahren erreicht.

Unterarten des Löwen

In der Literatur werden etliche Unterarten des Löwen beschrieben, doch anerkannt sind nur wenige davon. Neuere molekulargenetische Untersuchungen deuten darauf hin, dass die heutigen afrikanischen Löwen alle zur selben Unterart gehören.

Asiatischer Löwe oder Persischer Löwe (*Panthera leo persica*)
Diese Unterart ähnelt sehr dem heutigen Afrikanischen Löwen. Molekularbiologischen Untersuchungen zufolge spaltete sich der Asiatische Löwe in der Zeit vor etwa 100.000 bis 50.000 Jahren vom Afrikanischen Löwen ab. Der Asiatische Löwe wird auch Persischer Löwe genannt.

Berberlöwe (*Panthera leo leo*)
Der Berberlöwe mit einer besonders mächtigen Mähne starb 1922 in Nordafrika aus. Er hatte sich bis dahin im Atlas-Gebirge behauptet und war ein Opfer menschlicher Nachstellung geworden. Es ist nicht bekannt, ob die europäischen Löwen zu dieser Unterart gehörten. In Zoos von Wien und Dortmund werden Löwen gezüchtet, die Berberlöwen äußerlich ähneln und offenbar Berberlöwen-Blut in sich tragen.

Indischer Löwe (*Panthera leo goojratensis*)
Im Gir-Nationalpark in Indien leben heute noch etwa 300 Indische Löwen. Sie sind durch starke Inzucht bedroht.

Kaplöwe (*Panthera leo melanochaitus*)
Der Kaplöwe in Südafrika ist im 19. Jahrhundert ausgestorben. Er wurde das Opfer von Großwildjägern. Nach neueren Erkenntnissen handelte es sich nicht um eine eigene Unterart.

Transvaal-Löwe (*Panthera leo krugeri*)
Der Transvaal-Löwe aus dem nordöstlichen Südafrika ist noch im Krüger-Nationalpark zu sehen.

Massai-Löwe (*Panthera leo massaicus*)
Der Massai-Löwe aus Ostafrika lebt von Äthiopien, Kenia, Tansania bis nach Mosambik.

Senegal-Löwe (*Panthera leo senegalensis*)
Der Senegal-Löwe ist im Westen Afrikas von Senegal bis Nigeria heimisch.

Angola-Löwe oder Katanga-Löwe
(*Panthera leo bleyenberghi*)
Der Angola-Löwe oder Katanga-Löwe lebt im südwestlichen Afrika.

*

Mazori-Löwe
Der Mazori-Löwe ist ein angeblich gefleckter Löwe mit kurzer Mähne, der nach Ansicht von Kryptozoologen im Hochland von Kenia leben soll. Im Naturhistorischen Museum in London wird das Fell eines derartigen Löwen aufbewahrt. Vermutungen, solche Löwen seien Hybride aus Löwen und Leoparden, gelten als unwahrscheinlich. In Gefangenschaft gab es bereits mehrfach Hybriden aus Löwen und Leoparden, deren Fell aber ein anderes Muster als das Mazori-Fell in London aufweisen.

Der Autor

Ernst Probst, geboren am 20. Januar 1946 in Neunburg vorm Wald im bayerischen Regierungsbezirk Oberpfalz, ist Journalist und Buchautor. Er arbeitete von 1968 bis 1971 als Volontär und Redakteur bei den „Nürnberger Nachrichten", von 1971 bis 1973 in der Zentralredaktion des „Ring Nordbayerischer Tageszeitungen" in Bayreuth und von 1973 bis 2001 bei der „Allgemeinen Zeitung", Mainz. Von 2001 bis 2006 war er zunächst als Buchverleger und später auch als Fossilien- und Antiquitätenhändler aktiv.

In seiner Freizeit schrieb Ernst Probst vor allem populärwissenschaftliche Artikel für die „Frankfurter Allgemeine Zeitung", „Süddeutsche Zeitung", „Die Welt", „Frankfurter Rundschau", „Neue Zürcher Zeitung", „Tages-Anzeiger", Zürich, „Salzburger Nachrichten", „Oberösterreichische Nachrichten", Linz, „Die Zeit", „Rheinischer Merkur", „Deutsches Allgemeines Sonntagsblatt", „bild der wissenschaft", „kosmos", „Deutsche Presse-Agentur" (dpa), „Associated Press" (AP) und den „Deutschen Forschungsdienst" (df).

Aus der Feder von Ernst Probst stammen zahlreiche Beiträge der Buchreihe „Geschichten, die die Forschung schreibt" sowie die Bücher „Deutschland in der Urzeit" (1986), „Deutschland in der Steinzeit" (1991), „Rekorde der Urzeit" (1992), „Dinosaurier in Deutschland" (1993 zusammen mit Raymund Windolf) und „Deutschland in der Bronzezeit" (1996).

2001 veröffentlichte Ernst Probst eine 14-bändige Taschenbuchreihe mit Biografien über berühmte Frauen („Superfrauen"). Insgesamt publizierte er mehr als 30 Bücher, darunter „Königinnen der Lüfte", „Königinnen des Tanzes", „Superfrauen aus dem Wilden Westen", „Der Schwarze Peter. Ein Räuber im Hunsrück und Odenwald", „Monstern auf der Spur. Wie die

Sagen über Drachen, Riesen und Einhörner entstanden", „Nessie. Das Monsterbuch", „Der Ur-Rhein", „Höhlenlöwen", „Säbelzahnkatzen" und „Der Höhlenbär".
Zusammen mit seiner Ehefrau Doris gab Ernst Probst die Titel „Der Ball ist ein Sauhund. Weisheiten und Torheiten über Fußball" sowie „Worte sind wie Waffen. Weisheiten und Torheiten über die Medien" heraus. Gemeinsam mit seiner Tochter Sonja war er Herausgeber des Titels „Meine Worte sind wie die Sterne. Die Rede des Häuptlings Seattle und andere indianische Weisheiten".
In Teamarbeit mit dem Paläontologen Dr. Jens Lorenz Franzen (früher Forschungsinstitut Senckenberg in Frankfurt am Main) aus Titisee-Neustadt und Altbürgermeister Heiner Roos aus Eppelsheim veröffentlichte Ernst Probst den Museumsführer „Das Dinotherium-Museum in Eppelsheim".

Wissenschaftsautor Ernst Probst

Literatur

ARGANT, Alain: Les sités paléontologiques du Pleistocène moyen en Mâconnais. Bull. Soc. Préhist. France, 97, 4, S. 609–623, Paris 2000

ARGANT, Alain / ARGANT, Jacqueline / JEANNET, Marcel / ERBAJEVA, Margarita: The big cats of the fossil site Cháteau Breccia Northern Section (Saône-et-Loire, Burgundy, France): stratigraphy, palaeoenvironment, ethology and biochronological dating. Courier Forschungs-Institut Senckenberg, 259, S. 121–140, Frankfurt am Main 2007

BROOM, Robert: Some South African Pliocene and Pleistocene Mammals. Annals of the Transvaal Museum 21, S. 47–49, Cambridge 1948

BRÜNING, Herbert: Die eiszeitliche Tierwelt im Rhein-Main-Gebiet, Mosbacher Sande. Museumsführer Nr. 4, Naturhistorisches Museum Mainz, 1972

BRÜNING, Herbert: Vom Eiszeitalter im Mainzer Becken. Museumführer Nr. 3, Naturhistorisches Museum Mainz, 1973

BRÜNING, Herbert: Die eiszeitliche Tierwelt von Mosbach. Ihre Umwelt – ihre Zeit. Museumsführer Nr. 6, Rheinische Naturforschende Gesellschaft zu Mainz in Verbindung mit dem Naturhistorischen Museum Mainz, 1980

COX, Barry / DIXON, Dougal / GARDINER, Brian / SAVAGE, R. J. G.: Dinosaurier und andere Tiere der Vorzeit, München 1989

CROIZET, L'Abbe Jean-Baptiste / JOBERT, Antoine: Recherches sur les ossemens fossiles du département du Puy-de-Dome, Paris 1928

DIETRICH, Wilhelm Otto: Fossile Löwen im europäischen und afrikanischen Pleistozän. Paläontologische Abhandlungen, Abt. A, Paläozoologie, 3, S. 323–366, Berlin 1968

DÖPPES, Doris / RABEDER, Gernot: Pliozäne und pleistozäne Faunen Österreichs. Ein Katalog der wichtigsten Fundstellen und ihrer Faunen (Endbericht des Forschungsberichtes Nr. 9320 des „Fonds zur Förderung der wissenschaftlichen Forschung") mit Beiträgen von Petra Cech, Doris Döppes, Thomas Einwögerer, Florian A. Fladerer, Christa Frank, Karl Mais, Doris Nagel, Marion Niederhuber, Martina Pacher, Rudolf Pavuza, Gernot Rabeder, Christian Reisinger, Harald Temmel, Gerhard Withalm. Mitteilungen der Kommission für Quartärforschung der Österreichischen Akademie der Wissenschaften, Band 10, Wien 1997

FABER, Rolf: Moskebach – Biebrich-Mosbach 991–1971. Chronik von Dr. Rolf Faber im Auftrag des Verschönerungs- und Verkehrsvereins Biebrich am Rhein e. V., Wiesbaden-Biebrich 1991

FISCHER, Karlheinz: Ein Leoparden-Fund, *Panthera pardus* (L., 1758), aus dem jungpleistozänen Rixdorfer Horizont von Berlin und die Verbreitung des Leoparden im Pleistozän Europas. Mitteilungen aus dem Museum für Naturkunde in Berlin, Geowiss. Reihe 3, S. 211–227, Berlin 2000

HEIDTKE, Ulrich: Eine Großsäuger-Fauna aus dem älteren Pleistozän der Pfalz (Spaltenfüllung Neuleiningen 11). Mitteilungen der Pollichia, 67, S. 135–141, Bad Dürkheim 1979

HEMMER, Helmut: Fossilbelege zur Verbreitung und Artgeschichte des Löwen, *Panthera leo* (Linné, 1758). Säugetierkundliche Mitteilungen 15, S. 289–300, München 1967

HEMMER, Helmut: Zur Kenntnis pleistozäner mitteleuropäischer Pantherkatzen (Pantherinae), Teil I. Veröffentlichungen der Zoologischen Staatssammlung, 1, S. 15–36, München 1971

HEMMER, Helmut: Untersuchungen zur Stammesgeschichte der Pantherkatzen (Pantherinae), Teil III. Zur Artgeschichte des Löwen Panthera (Panthera) leo (Linnaeus 1758). Veröffentlichungen der Zoologischen Staatssammlung München, Band 17, S. 167–280, München 1974

HEMMER, Helmut: Die Carnivorenreste (mit Ausnahme der

Hyänen und Bären) aus den jungpleistozänen Travertinen von Taubach bei Weimar. Quartärpaläontologie 2, S. 379–387, Berlin 1977

HEMMER, Helmut: Die Feliden aus dem Epivillafranchium von Untermaßfeld. Aus: KAHLKE, Ralf-Dietrich (Hrsg.): Das Pleistozän von Untermaßfeld bei Meiningen (Thüringen). Teil. 3. Monographien des Römisch-Germanischen Zentralmuseums, 40/3, S. 699–782, Mainz 2001

HEMMER, Helmut: Pleistozäne Katzen Europas – eine Übersicht. Cranium, Amsterdam 2004

HEMMER, Helmut / KAHLKE, Ralf-Dietrich / KELLER, Thomas: *Panthera onca gombaszoegensis* aus den frühmittelpleistozänen Mosbach-Sanden (Wiesbaden, Hessen, Deutschland). Ein Beitrag zur Kenntnis der Variabilität und Verbreitungsgeschichte des Jaguars. Neues Jahrbuch für Geologie und Paläontologie, Abhandlungen, 229 (1), S. 31–60, Stuttgart 2003

HEMMER, Helmut / KAHLKE, Ralf-Dietrich / VEKUA, Abesalom K.: The Jaguar – *Panthera onca gombaszoegensis* (KRETZOI, 1938) (Carnivora: Felidae) in the late Lower Pleistocene of Akhalkalaki (South Georgia; Transcaucasia) and its evolutionary and ecological significance. Géobios, 34 (4), S. 475–486, Villeurbanne 2001

HEMMER, Helmut / KAHLKE, Ralf-Dietrich / VEKUA, Abesalom K.: The Old World puma – *Puma pardoides* (Owen, 1946) (Carnivora: Felidae) – in the lowe Villafranchian (Upper Pliocene) of Kvabesi (East Georgia, Transcaucasia) and its evolutionary and biogeographical significance. Neues Jahrbuch für Geologie und Paläontologie, Abhandlungen 233 (2), S. 197–321, Stuttgart 2004

HEMMER, Helmut / KAHLKE, Ralf-Dietrich: Nachweis des Jaguars (Panthera onca gombaszoegensis) aus dem späten Unter- oder frühen Mittelpleistozän der Niederlande. Deinsea, Annual oft the Natural History Museum Rotterdam, S. 47–57, Rotterdam 2005

HEMMER, Helmut / KAHLKE, Ralf-Dietrich / KELLER, Thomas: Geparde im Mittelpleistozän Europas: Acinonyx pardinensis (sensu lato) intermedius (Thenius, 1954) aus den Mosbach-Sanden (Wiesbaden, Hessen, Deutschland). Neues Jahrbuch für Geologie und Paläontologie, Abhandlungen, 249 (3), S. 345–356, Stuttgart 2008

HEMMER, Helmut / SCHÜTT, Gerda: Ein Gepardenfund aus den Mosbacher Sanden (Altpleistozän, Wiesbaden). Mainzer Naturwissenschaftliches Archiv, 9, S. 118–131, Mainz 1970

KAHLKE, Hans-Dietrich: Die Eiszeit, Leipzig 1994

KAHLKE, Ralf-Dietrich (Hrsg.): Das Pleistozän von Unter-maßfeld bei Meiningen (Thüringen). Teil 1. Monographien des Römisch-Germanischen Zentralmuseums, Mainz 1997

KAHLKE, Ralf-Dietrich (Hrsg.): Das Pleistozän von Unter-maßfeld bei Meiningen (Thüringen). Teil 2. Monographien des Römisch-Germanischen Zentralmuseums, Mainz 2001

KAHLKE, Ralf-Dietrich (Hrsg.): Das Pleistozän von Unter-maßfeld bei Meiningen (Thüringen). Teil 3. Monographien des Römisch-Germanischen Zentralmuseums, Mainz 2001

KAHLKE, Ralf-Dietrich: Bedeutende Fossilvorkommen des Quartärs in Thüringen. Teil 5: Großsäugetiere. Aus: KAHLKE, Ralf-Dietrich / WUNDERLICH, Jürgen (Hrsg.): Tertiär und Quartär in Thüringen. Beiträge zur Geologie von Thüringen, Neue Folge 9, S. 207–232, Jena 2002

KELLER, Thomas: Die eiszeitlichen Mosbach-Sande bei Wiesbaden. Paläontologische Denkmäler in Hessen 3, Wiesbaden 1994

KELLER, Thomas / LÖSCHER, Manfred: Biostratigraphische Altersbestimmung an eiszeitlichen Faunenfundstellen: Das Projekt Mauer-Mosbach. Denkmalpflege & Kulturgeschichte, 2, S. 38–40, Wiesbaden 2008

KOENIGSWALD, Gustav Heinrich Ralph von: Fossil cats from the Tegelen clay. Publicaties van het Naturhistorisch Genoot-schap in Limburg, 12, S. 19–27, Limburg 1960

KOENIGSWALD, Wighart von: Zur Ökologie und Biostratigraphie der beiden pleistozänen Faunen von Mauer bei Heidelberg. Aus: BEINHAUER, Karl W. / WAGNER, Günther A.: Schichten von Mauer. 85 Jahre *Homo erectus heidelbergensis,* S. 101–110, Mannheim 1992

KOENIGSWALD, Wighart von: Lebendige Eiszeit, Stuttgart 2002 Museum 117, S. 272–277, Frankfurt am Main 1987

KOENIGSWALD, Wighart von / NAGEL, Doris / MENGER, Frank: Ein jungpleistozäner Leopardenkiefer von Geinsheim (nördliche Oberrheinebene, Deutschland) und die stratigraphische und ökologische Verbreitung von *Panthera pardus.* Neues Jahrbuch für Geologie und Paläontologie, Monatshefte (5), S. 177–297, Stuttgart 2006

KRETZOI, Miklós: Die Raubtiere von Gombaszök nebst einer Übersicht der Gesamtfauna. Annales historico-naturales Musei Nationalis Hungarici, Pars Mineralogica, Geologica, Paleontologica 31, S. 88–157, Budapest 1938

LEIDY, Joseph: Transactions of the American Philosophical Society, NS, 10, Philadelphia 1853

MAI, Dieter Hans / NÖTZOLD, Tilo / TÖPFER, Volker / VLCEK, Emanuel / HEINRICH, Wolf-Dieter: Bilzingsleben II. *Homo erectus* – seine Kultur und Umwelt. Veröffentlichungen des Landesmuseums für Vorgeschichte Halle, 36, Berlin 1983

MANIA, Dietrich / TÖPFER, Volker: Königsaue – Gliederung, Ökologie und paläolithische Funde der letzten Eiszeit. Veröffentlichungen des Landesmuseums für Vorgeschichte Halle, 26, Berlin 1973

MANIA, Dietrich: Auf den Spuren des Urmenschen. Die Funde auf der Steinrinne bei Bilzingsleben, Berlin-Stuttgart 1990

MANIA, Dietrich / HEINRICH, Wolf-Dieter / FISCHER, Karlheinz / BÖHME, Gottfried / TURNER, Alan / ERD, Klaus / MAI, Dieter Hans: Bilzingsleben V. *Homo erectus* – seine Kultur und Umwelt, Bad Homburg-Leipzig 1997

MANIA, Dietrich / THOMAE, Matthias (Mitarbeit von Manfred Altermann, Wolf-Dieter Heinrich, Jan van der Made, Hans

Dieter Mai, Maria Seifert-Eulen): Zur stratigraphischen Gliederung der Saalezeit im Saalegebiet und Harzvorland. Praehistoria Thuringica, Sonderheft, S. 3–44, Langenweisbach 2008
MOL, Dick / LOGCHEM, Wilrie van / HOOIJDONK, Kees van / BAKKER, Remie: De sabeltandtijger uir de Noordzee, Norg 2007
PROBST, Ernst: Deutschland in der Urzeit, München 1986
PROBST, Ernst: Wie die Löwen die Welt eroberten. Aus: PREUSS, Karl-Heinz / SIMEN, Rolf H.; Geschichten, die die Forschung schreibt, Band 9, 60 Reisen durch die Wissenschaft, S. 71–73, Bonn 1990
PROBST, Ernst: Deutschland in der Steinzeit, München 1991
PROBST, Ernst: Rekorde der Urzeit, München 2008
PROBST, Ernst: Rekorde der Urmenschen, München 2008
PROBST; Ernst: Säbelzahnkatzen. Von Machairodus bis zu Smilodon, München 2009
RABEDER, Gernot: Der Panther vom Steinfeld. Die neuesten Ergebnisse der Grabung in der Ochsenhalthöhle. Unser Weißenbach 4, 15, Weißenbach bei Liezen 2003
RATHGEBER, Thomas: Die quartären Säugetier-Faunen der Bären- und Karlshöhle bei Erpfingen im Überblick. Laichinger Höhlenfreund, Jg. 38, Nr. 2, S. 107–144, Laichingen 2003
REICHENAU, Wilhelm von: Beiträge zur näheren Kenntnis der Carnivoren aus den Sanden von Mauer und Mosbach. Abhandlungen der Großherzoglichen Hessischen Geologischen Landesanstalt zu Darmstadt, Band IV, Heft 2, S. 189–313, Darmstadt 1906
RUTTE, Erwin: Die Fundstelle altpleistozäner Wirbeltiere von Randersacker bei Würzburg. Geologisches Jahrbuch, 73, S. 737–754, Hannover 1958
SANDER, Anne: Ein Jaguar-Neufund aus den mittelpleistozänen Mosbach-Sanden. Hessen Archäologie 2003, herausgegeben von der Archäologischen und Paläontologischen Denkmalpflege des Landesamtes für Denkmalpflege Hessen, S. 17–19, Wiesbaden 2003

SCHAUB, Samuel: Revision de quelques Carnassiers villa-franchiens du Niveau des Etouaires (Montage de Perrier, Puy de Dome). Eclogae geologicae Helvetiae 42 (2), S. 492–506, Basel 1949

SCHMID, Elisabeth: Variations-statistische Untersuchungen am Gebiss pleistozäner und rezenter Leoparden und anderer Feliden. Zeitschrift für Säugetierkunde, Stuttgart 1940

SCHMIDT, Robert Rudolf / KOKEN, Ernst / SCHLIZ, Alfred: Die diluviale Vorzeit Deutschland, Stuttgart 1912

SCHMITTGEN, Otto: *Felis pardus* spec. L. aus dem Mosbacher Sand. Sonderdruck aus „Jahrbücher des Nassauischen Vereins für Naturkunde", Jahrgang 74, S. 51–58, München und Wiesbaden 1922

SCHÜTT, Gerda: Untersuchungen am Gebiß von *Panthera leo fossilis* (V. Reichenau 1906) und *Panthera leo spelaea* (Goldfuss 1810). Ein Beitrag zur Systematik der pleistozänen Großkatzen Europas. Neues Jahrbuch für Geologie und Paläontologie, Abhandlungen 134, S. 192–220, Stuttgart 1969

SCHÜTT, Gerda: *Panthera pardus sickenbergi* n. subsp. aus den Mauerer Sanden. Neues Jahrbuch für Geologie und Paläontologie, Monatsheft, S. 299–310, Stuttgart 1969

SCHÜTT, Gerda: Ein Gepardenfund aus den Mosbacher Sanden (Altpleistozän, Wiesbaden). Mainzer naturwissenschaftliches Archiv, 9, S. 118–131, Mainz 1970

SCHÜTT, Gerda / HEMMER, Helmut: Zur Evolution des Löwen (*Panthera leo* L.) im europäischen Pleistozän. Neues Jahrbuch für Geologie und Paläontologie, Monatshefte 4, S. 228–255, Stuttgart 1978

SELDEN, Paul / NUDDS, John: Fenster zur Evolution. Berühmte Fossilienfundstellen der Welt, München 2007

STEINER, Walter: Der Travertin von Ehringsdorf und seine Fossilien, Wittenberg 1981

THENIUS, Ernst: Gepardreste aus dem Altquartär von Hundsheim in Niederöstereich. Neues Jahrbuch für Geologie und Paläontologie, Monatshefte, S. 225–238, Stuttgart 1953

TURNER, Alan / ANTON, Mauricio: The Big Cats and their fossil relatives. New York 1997
WIKIPEDIA Freie Enzyklopädie http://wikipedia.org
WURM, Adolf: Beiträge zur Kenntnis der diluvialen Säugetierfauna von Mauer a. d. Elsenz (bei Heidelberg). I. Felis leo fossilis. Jahresberichte und Mitteilungen des Oberrheinischen Geologischen Vereins, NF 2, S. 77–102, Suttgart 1912
ZIEGLER, Reinhold: Löwen aus dem Eiszeitalter Süddeutschlands. Aus: Der Löwenmensch, Tier und Mensch in der Kunst der Eiszeit, S. 46–52, Sigmaringen 1994

Bildquellen

Archiv Forschungsstation für Quartärpaläontologie der Senckenbergischen Naturforschenden Gesellschaft, Weimar: 73
Archiv Friedrich-Schiller-Universität Jena: 44
Klaus Benz, Fotograf, Mainz-Laubenheim: 106,
Ulrich H. J. Heidtke, Niederkirchen (Pfalz): 54 oben, 54 unten
Homo heidelbergensis von Mauer e. V. , Mauer bei Heidelberg: 22 oben
Emmanuel Keller, Grüt (Gossau): 61 oben
Professor Dr. Hansjürg Kuhn, Göttingen: 36
Landesamt für Denkmalpflege Hessen, Abteilung Archäologie und Paläontologie, Schloss Biebrich, Wiesbaden: 2, 14, 16 oben, 16 unten, 30 unten
Joachim S. Müller, Darmstadt: 52
Naturhistorisches Museum Mainz / Landessammlung für Naturkunde Rheinland-Pfalz: 18, 21 oben, 21 unten, 30 oben
Péter Papp, Geologe, Magyar Állami Földtani Intézet / Geological Institute of Hungary, Budapest: 28 oben
Hristo Peshev, Blagoevrad, Bulgarien: 34 oben
Dominique Pipet, Vitrolles, Frankreich: 65
Pixelio, Bilderdatenbank für lizenzfreie Fotos, www.pixelio.de:
Pixelio-Mitglied Wolfgang Arndt, Zeithain: 76 oben, 76 unten
Pixelio-Mitglied Siegbert Heinecke, Böhl-Iggelheim: 59
Pixelio-Mitglied Lothar Henke, Pirna: 63, 98
Pixelio-Mitglied Jochen Zapfe, Berlin: 40
Kevin Pluck (yaaaay, London / CC-BY2.0: 94 (via Wikimedia Commons), lizensiert unter CreativeCommons-Lizenz by-2.0-de – http://creativecommons.org/licenses/by/2.0/legalcode
Kevin Pluck (yaaaay, London / CC-BY2.0: 100 (via Flickr), lizensiert unter CreativeCommons-Lizenz by-2.0-de
http://creativecommons.org/licenses/by/2.0/legalcode

Ernst Probst, Mainz-Kostheim (Zeichnung von Max Wild, Sammlung Ernst Probst): 34 unten

Reproduktion des Gemäldes „Carolus Linnaeus" (1775) von Alexander Roslin. 66

Reproduktion eines Fotos: 22

Reproduktionen aus: PROBST, Ernst: Deutschland in der Urzeit, München 1986: (Gemälde von Fritz Wendler, Obergotzing): 20 oben, 38 oben, 47, 49

Reproduktionen aus: PROBST, Ernst: Deutschland in der Steinzeit, München 1991: (Gemälde und Zeichnungen von Fritz Wendler, Obergotzing): 26, 68, 86

Reproduktionen von Gemälden von Heinrich Harder (1858–1935) zur Illustration von 30 Sammelkarten mit dem Titel „Tiere der Urwelt" um 1920: 78 oben, 78 unten

Art Salmons, Russelville, Arkansas: 61 unten

Staatliches Museum für Naturkunde Karlsruhe: 42

Shuhei Tamura, Kanagawa, Japan: 20 unten, 32, 38 unten, 50

Thüringer Zoopark Erfurt: 28 unten

Verschönerungs- und Verkehrsverein Biebrich am Rhein e. V. / Heimatmuseum Biebrich: 10, 12 oben, 12 unten, 14 unten

Frank Wouters, Antwerpen, Belgien: 53

Bücher von Ernst Probst

Affenmenschen
Von Bigfoot bis zum Yeti

Archaeopteryx
Der Urvogel aus Bayern

Der Höhlenbär

Der Ur-Rhein
Rheinhessen vor zehn Millionen Jahren

Höhlenlöwen
Raubkatzen im Eiszeitalter

Rekorde der Urzeit
Landschaften, Pflanzen und Tiere

Rekorde der Urmenschen
Erfindungen, Kunst und Religion

Säbelzahnkatzen.
Von Machairodus bis zu Smilodon

Seeungeheuer
Von Nessie bis zum Zuiyo-maru-Monster

Meine Worte sind wie die Sterne
Die Entstehung der Rede des Häuptlings Seattle
(zusammen mit Sonja Probst)

Taschenbuchreihe über die Bronzezeit:

Die Bronzezeit
Die Aunjetitzer Kultur in Deutschland
Die Straubinger Kultur in Deutscnland
Die Adlerberg-Kultur
Die nordische Bronzezeit in Deutschland
Die Hügelgräber-Kultur in Deutschland
Die Lüneburger Gruppe in der Bronzezeit
Die Stader Gruppe in der Bronzezeit
Die Urnenfelder-Kultur in Deutschland
Die Lausitzer Kultur in Deutschland

Taschenbuchreihe über Superfrauen:

Superfrauen 1 – Geschichte
Superfrauen 2 – Religion
Superfrauen 3 – Politik
Superfrauen 4 – Wirtschaft und Verkehr
Superfrauen 5 – Wissenschaft
Superfrauen 6 – Medizin
Superfrauen 7 – Film und Theater
Superfrauen 8 – Literatur
Superfrauen 9 – Malerei und Fotografie
Superfrauen 10 – Musik und Tanz
Superfrauen 11 – Feminismus und Familie
Superfrauen 12 – Sport
Superfrauen 13 – Mode und Kosmetik
Superfrauen 14 – Medien und Astrologie

Superfrauen aus dem Wilden Westen

Königinnen der Lüfte in Deutschland
Biografien berühmter Fliegerinnen

Königinnen des Tanzes
Biografien berühmter Tänzerinnen

Elisabeth I. Tudor.
Die jungfräuliche Königin

Maria Stuart.
Schottlands tragische Königin

Machbuba.
Die Sklavin und der Fürst

Pocahontas. Die Indianer-Prinzessin
aus Virginia

Der Schwarze Peter
Ein Räuber im Hunsrück und Odenwald

Der Ball ist ein Sauhund
Weisheiten und Torheiten über Fußball
(zusammen mit Doris Probst)

Worte sind wie Waffen
Weisheiten und Torheiten über die Medien
(zusammen mit Doris Probst)

Bestellungen bei: www.grin.com